事例で学ぶ

ビオトープづくりの心と技

人と自然がともに生きる場所

編者 NPO法人 日本ビオトープ協会　　監修 鈴木 邦雄（横浜国立大学 名誉教授・元学長）

農文協

ごあいさつ

　日本ビオトープ協会は、日本各地域の気候、風土の特性と結びついたビオトープの創生を通じて、人間と自然が共生する社会の推進を図り、環境保全に寄与することを目指し、1993年(平成5年)に発足いたしました。

　「社会教育の推進」「まちづくりの推進」「環境保全」「子供の健全育成」を掲げ、さまざまな活動を行って参りましたが、いまでは<ビオトープ>という言葉が専門用語の範囲を超えて一般に浸透しています。多くの自然が破壊されてきた現在にあって、自然環境の保全・再生・創出は、ますます重要性が増しています。

　協会が発足して20年という節目の2013年度に、記念事業の一つとして、全国各地域の会員・ビオトープアドバイザーが取り組んできた事例とその技術的な留意点を募り、このたび「ビオトープづくりの心と技」として出版される運びとなりました。

　ご協力いただきました施工主の方々はじめ多くの関係者に対しまして、この場をお借りして心よりお礼申し上げます。

　この本は、多様な生物を育むビオトープづくりにおいて、それぞれの地域特有の環境に対応しつつ、自然環境の再生に取り組んだ事例をできるだけわかりやすく紹介するよう編集いたしました。各地において環境整備を実施するにあたり、ここに示されたビオトープづくりとその維持保全の手法によって、今後ますます重要な位置づけとなる「生物多様性の保全」を意識し、人にとっても心地よい生活空間創出を図っていただきたいと願っております。

　この本では、自然環境に応じたビオトープとして「森」「川」「池や湿地」「乾燥地」での事例、また、用途に応じたビオトープとして「公園」「企業」「学校」「事務所・駐車場」とわかりやすく編集いたしました。また、これらの事例は、単にビオトープづくりの技術に留まらず、地域の歴史や文化も含めた「人と自然がともに生きる場所」として捉えて整備方針・工法・整備効果・利活用の方法などをまとめて紹介しています。

　ビオトープの整備完了は生物多様性の保全に向けたスタートラインです。ビオトープが地域の「身近な自然」として定着していくためには、その後も続く多くの人の関わりが大切です。計画・整備に関わった人たちから維持管理・利活用に参加する人たちのネットワークを地域に広げて行くことが重要だと思います。

　専門知識を持った人から生き物が大好きな子どもたちまで、楽しんでビオトープづくりに邁進してほしいと思います。

　この本が、土木・建築などの技術者や施工事業者はもとより、行政、企業、住民そして学生など多くの方々に活用され、わが国全体に「ビオトープづくりの心と技」が広がっていくことを願っております。

特定非営利活動法人 日本ビオトープ協会

会長　櫻井 淳

刊行に寄せて

　19世紀当初に10億人であった世界の人口は、2015年には70億人を超えるまで急速に増加している。5百万種もの生物が存在する地球上で、ホモサピエンスとしての私たちが増加と繁栄を遂げることができたのは、多様な生物種が繰り広げる競争と共存の世界、すなわち多様性ゆえの安定性をもたらしているエコシステム(生態系)の存在がある。表現を変えれば、私たちが道具を開発し、生活様式を進化させ、豊かな感性と文化を築くことができた基礎として、グローバルな地球環境の安定性に加えて、身近な自然の存在と生き物とのふれあいを抜きにすることはできない。

　自然を改変・破壊したことが直接間接のきっかけとなり、日本そして地球的規模で大きな自然災害や異常気象が多発している。また、自然や生き物とのふれあいが希薄化したことから、人々の感性が鈍化し、社会が落ち着きを失いつつあるともいわれている。これらの不安定化への反省として、生物多様性の保全、生き物空間の創造、身近な自然とのふれあいを求める大きな動きがあり、その代表的なものが「ビオトープ」である。

　四半世紀の歴史しかないにもかかわらず、「ビオトープ」が一般にもよく知られており、学校や地域でのビオトープづくりも盛んであり、すでに小学生の教科書でも取り上げられている。行政や企業は、生物多様性国家戦略の具体的な行動として、創意と工夫を織り交ぜたビオトープを各地で整備している。地域の自然環境を支える多様な生き物の住む空間・ビオトープは、森林、川、池、湿地、乾燥地など場の特性を生かしてつくられている。

　日本におけるビオトープづくりを先導している日本ビオトープ協会は、本書において場の特性に応じたビオトープづくりの概念と事例をまとめている。地域が違い、場が違えば、つくられるビオトープも違ってくるが、ビオトープに関する基本的な考え方を理解し、多くの事例を検証することが最も大切である。そのための教科書として、ビオトープづくりを始めようとする方々には、本書を有効に活用していただきたいと願っている。

特定非営利活動法人 日本ビオトープ協会 代表顧問
神奈川県立産業技術総合研究所理事長、元横浜国立大学長

鈴木 邦雄

◆この本の構成◆

全体の構成は大きく「自然環境に応じたビオトープ」「用途に応じたビオトープ」の二つに分けています。その上で、「森のビオトープをつくる」などの自然の形態ごとのテーマや「公園ビオトープをつくる」などの設置場所ごとのテーマを設けて、テーマごとに施工にあたってのポイントや解説、先進事例の紹介をセットにして取り上げています。

<施工にあたってのポイント>

ビオトープのイメージ写真に、注意するべきポイントを書き込んであります。
その場所の自然環境や用途によって、ポイントが異なります。

<技術解説>

施工のポイントについて図面やイラスト、写真を使いながら、さらに詳しく解説しています。

<先進的な事例紹介>

全国の先進的な事例を「整備方針・配慮のポイント」と「整備効果・展開の仕方など」の観点から具体的に紹介しています。

■この本の内容やビオトープに関するお問い合わせは
巻末の日本ビオトープ協会事務局までお寄せください。

事例で学ぶ

ビオトープづくりの心と技

人と自然がともに生きる場所

目　次

ビオトープの意義 …………………………………………………………… 8

ビオトープづくりの進め方 ………………………………………………… 14

🌿 自然環境に応じたビオトープ

森のビオトープをつくる ………………………………………………… 18

ポイント ……………………………………………………………… 20
case（事例）
- 滋賀県営都市公園　びわこ地球市民の森 ………………………… 22
- うねべ里山 ……………………………………………………………… 23
- 幌加内ビオトープ …………………………………………………… 24
- 地底の森ミュージアム野外展示　氷河期の森 ………………… 25

川のビオトープをつくる ………………………………………………… 26

ポイント ……………………………………………………………… 28
case（事例）
- 西広瀬工業団地ビオトープ ………………………………………… 32
- 三田川　水辺の学校 ………………………………………………… 33
- 滝見ビオトープ ……………………………………………………… 34
- 普通河川 ソウレ川 …………………………………………………… 35
- 普通河川 山田川 ……………………………………………………… 36
- 準用河川 太田川 ……………………………………………………… 37
- 一級河川 矢作川　古鼡水辺公園 ………………………………… 38
- 普通河川 加納川 ……………………………………………………… 39
- 一級河川 安永川 ……………………………………………………… 40
- 一級河川 明知川 ……………………………………………………… 41
- 準用河川 五六川 ……………………………………………………… 42
- 揖斐川・根尾川・牧田川 …………………………………………… 43
- 東京農業大学　伊勢原農場内の栗原川 ………………………… 44
- 日本橋川 ……………………………………………………………… 46

池や湿地のビオトープをつくる ………………………………………… 48

ポイント ……………………………………………………………… 50
case（事例）
- 岩手県立大学　第一調整池 ………………………………………… 56
- 古鷹山ビオトープ …………………………………………………… 57
- 里山くらし体験館 すげの里 ……………………………………… 58
- 宮原ホタルの郷 ……………………………………………………… 59
- ひたちなか市常葉台 ………………………………………………… 60

乾燥地のビオトープをつくる …………………………………………… 62

ポイント ……………………………………………………………… 64
case（事例）
- 豊田市立浄水小学校 ………………………………………………… 66

用途に応じたビオトxープ

公園ビオトープをつくる ··· 68
ポイント ·· 70
case（事例）
- 国営備北丘陵公園 ··· 72
- 深田公園 ··· 73
- 児ノ口公園 ·· 74
- インター須坂流通産業団地 緑地公園 井上ビオガーデン ········ 76
- 日野いずみの郷 ·· 77
- 山田川バイオガーデン ·· 78

企業ビオトープをつくる ··· 80
ポイント ·· 82
case（事例）
- エスペックミック株式会社　神戸R&Dセンター ······················ 84
- イオンモール株式会社　イオンモール草津 ·························· 85
- オムロン株式会社　野洲事業所 ·· 86
- いわてクリーンセンター ·· 87
- ヤンマー株式会社　ヤンマーミュージアム 屋根の上のビオトープ ··· 88
- 株式会社ブリジストン　彦根工場 びわとーぷ ······················ 90
- 株式会社豊田自動織機　大府駅東ビオトープ ······················ 92
- 深川ギャザリア・ビオガーデン　フジクラ 木場千年の森 ········· 94
- ダイキン工業株式会社　ダイキン滋賀の森 ·························· 95
- パナソニック株式会社　共存の森 ·· 96
- 旭化成株式会社　守山製作所 ··· 97
- 株式会社ホロニック　セトレマリーナびわ湖 ······················· 98
- 株式会社鈴鍵　下山バークパーク ······································· 100
- アイシン精機株式会社　エコトピア ······································ 101
- サンデンホールディングス株式会社　サンデンフォレスト ········ 102
- 豊田鉄工株式会社　トヨテツの森 ·· 104
- トヨタ自動車株式会社　びおとーぷ堤 ·································· 106
- 旭化成住工株式会社　湯屋のヘーベルビオトープ ················ 108

学校ビオトープをつくる ……………………………………………………110
ポイント ……………………………………………………112
case（事例）
- 学校法人ヴォーリズ学園　近江兄弟社小学校 ……………………………114
- ひたちなか市立前渡小学校　ホタルの里 ……………………………116
- ひたちなか市立長堀小学校　長堀ホタルの里 ……………………………117
- 甲賀市立油日小学校　エコパーク ……………………………118
- 豊田市立寿恵野原小学校 ……………………………119
- 豊田市立挙母小学校 ……………………………120
- 学校法人　名進研小学校 ……………………………122
- 学校法人永照寺学園　永照幼稚園 ……………………………124
- 社会福祉法人得雲会　青松こども園 ……………………………125
- 東近江市立愛東北小学校　びわ湖の池 ……………………………126
- 東近江市立湖東第二小学校　湖二っ子ビオトープ ……………………………127
- 社会福祉法人微妙福祉会　くまの・みらい保育園 ……………………………128

事務所・駐車場ビオトープをつくる ……………………………………………………130
ポイント ……………………………………………………132
case（事例）
- 水嶋建設株式会社　水嶋の庭－水・緑・景－ ……………………………134

ビオトープをつなげる生態系ネットワークの形成 ……………………………………………………136
命をつなぐPROJECT ……………………………………………………138

〈巻末資料〉
NPO法人日本ビオトープ協会　「ビオトープづくりの心と技」編集委員会 ……………………………140
NPO法人日本ビオトープ協会　法人会員 ……………………………141

失われた生息域や生態系のつながりを
回復するビオトープづくりへ

　「ビオトープ」とは、ドイツ語で「いのちの場所」あるいは「生息域」を意味する言葉です。
　もともと「ビオトープ」という言葉は、ギリシャ語の「bios」(バイオス　生命)と「topos」(トポス　場所)を組み合わせて、ドイツの生物学者がつくった合成語です。
　生物資源を意味する「バイオマス(biomass)」という言葉や、場所の持つ歴史・自然・文化への愛着を意味する「トポフィリア(場所愛)」といった言葉も同じ語源から生まれた言葉です。
　本来、「ビオトープ」は自然であるか人工であるかを問わず、野生生物が生息・生育するすべての「生息域」を意味する言葉ですが、近年、わが国では、周辺の土地利用に合わせながら、失われた生息域や生態系のつながりを回復するために人為的につくった「ビオトープ」の意義が重視されています。つまり、「失われた自然の回復」だけでなく、「人と自然の共生」を創り出すためのビオトープづくりが重視されているのです。
　ですから、どんな場所にでも同じビオトープをつくればよいというはずはありません。
良いビオトープをつくるためには、その場所(トポス)の地形・地質やそれらの上に成り立っていた生態系の姿、周囲の生態系とのつながりを知ることが大切です。
　また、そこで営まれてきた人々の歴史や文化、暮らしを知ることも、そして現在、その場所が人々の日常とどのように関わっているのか、これからビオトープをつくることによってどのような関わりを生み出していくのかということに想像力を働かせることも大切です。

生態系に配慮した土地利用で
自然の生物とともに生きる場所をつくる

　2010年、環境省が発表した「生物多様性総合評価報告書」は、「人間活動に伴うわが国の生物多様性の損失は全ての生態系に及んでおり、全体的に見れば損失は今も続いている。」としています。

　右の表に示されているとおり、森林生態系や陸水生態系など4つの生態系で、「本来の生態系から大きく損なわれている」状態であり、さらに今後も損失が続いていく傾向にあります。

　その要因として、第1の危機（開発・改変、水質汚濁）、第2の危機（利用・管理の縮小）、第3の危機（外来種・科学物質）及び地球温暖化の危機が挙げられていますが、開発による損失は今後の損失は鈍化するが、高度成長期の開発による大規模な損失からの回復が課題とされています。

　つまり、わが国の生態系を保全・回復するうえで、過去の開発を経て利用されている場所、言い換えれば都市部や工場にビオトープをつくることは大きな意義があると言うことができます。

　そして、今後さらに増大すると予想されている外来種による影響を防ぐために、ビオトープづくりによって外来種や国内外来種を駆除していく必要があります。

　わが国の国土で、所有者がいない土地はないでしょう。土地所有者は、それぞれ目的をもって土地を所有し利用していますが、もし土地所有者が生態系への配慮を行うことなく土地利用を進めたとしたら、自然の生物は生きる場所を失ってしまうことになります。

　ビオトープをつくることは、土地所有者が本来そこに生きているべき生物のために土地利用の仕方を少し変えること、ひとと自然の生物がともに生きる場所をつくることなのです。

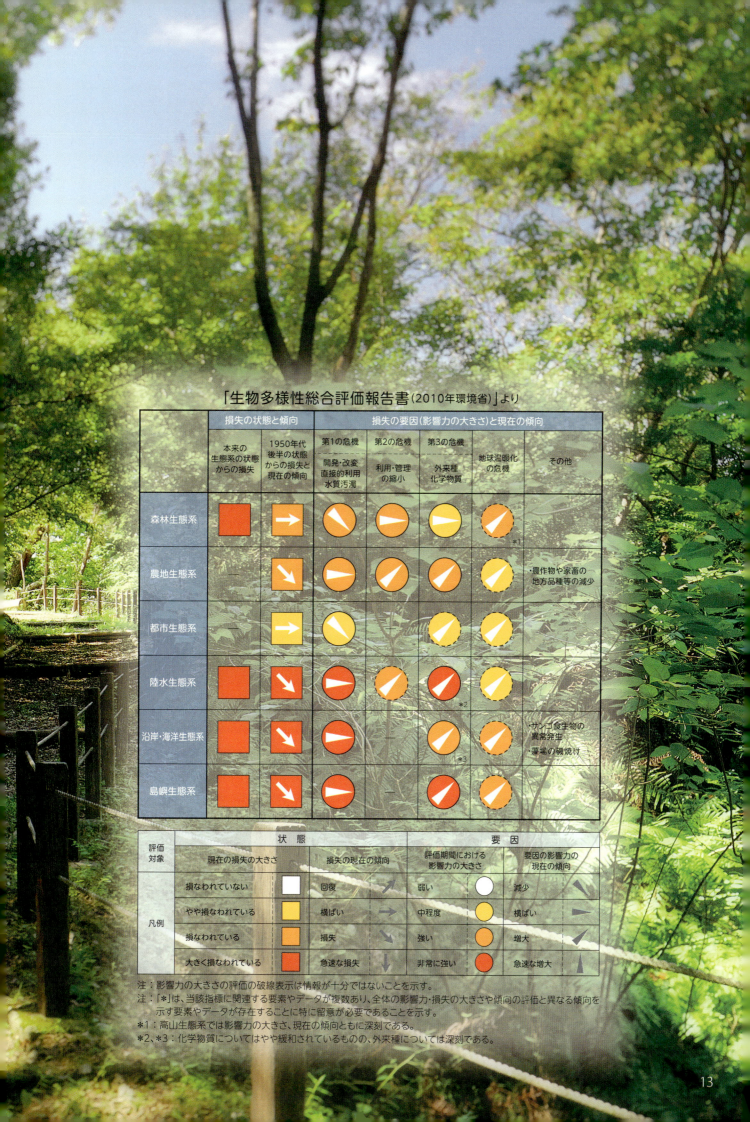

ビオトープづくりは
人々の「場所への愛着」をつくること

　ビオトープは、人と自然がともに生きる場所です。
　ビオトープをつくることは、その場所の自然を知ることであり、自然の恵みを受けて暮らしてきた人々の歴史や文化を知ることでもあります。
　「いのちの場所（ビオトープ）」をつくることは、人々の「場所への愛着（トポフィリア）」をつくることでもあるのです。

ビオトープづくりの進め方

1. ビオトープの基本計画を立てる

〈造成する位置の選定〉
- 都市部のビオトープ
- 郊外のビオトープ
- 企業、学校のビオトープ　など

〈ビオトープの設置場所〉
- 平地
- 山地
- 建物の屋上　など

〈ビオトープの種類〉
- 川のビオトープ
- 池、湿地のビオトープ
- 森ビオトープ　など

2. 周囲の自然（生態系）を知る
- 現地や周囲の生態系調査…………生物の種類、生息状況
- 周囲のビオトープネットワーク………川、山、田んぼ、公園緑地、街路樹、企業緑地、学校林など
- 呼び込み可能な生物の調査…………生物の移動距離はさまざま

生物の移動距離　甲虫類 50m　カエル 150m　ネズミ 200m　トンボ 1km　鳥 2km

3. ビオトープの目的を考える
- 地域の自然の保全……………………生物、植物など生態系の保護
　　　　　　　　　　　　　　　　　　（「人間対自然」の比率をどこにおくか？）
- 子どもたちの環境学習の施設（教材）…「遠くの自然より、近くの自然」が基本
　　　　　　　　　　　　　　　　　　身近に生物と触れ合い、自然を感じる場所として活用
- ビオトープ公園………………………地域住民が訪れる憩いの場（人間の五感が快適な空間）だが、
　　　　　　　　　　　　　　　　　　あくまでも主役は生き物たち

4. 目的や呼び込む生物に応じた手法を選定する　※解説ページ参照
- 導入する技術によって多種多様な生物を呼び込むことができる。
- 多様性のある水辺、護岸…カエル、イモリ、水生昆虫、トンボ、ホタルなど
- 自生種の森…鳥、チョウ・カブトムシなどの昆虫、ヘビ・トカゲなどの爬虫類など

5. 維持管理の方法・技術を習得し、実践する　※冊子「ビオトープの維持管理」参照
- 草刈、除草の方法………草原はところどころに茂み（ブッシュ）を残す。移動の時の生物隠れ家、棲み家になる。
　　　　　　　　　　　　小川の護岸の茂みは外敵から身を守る魚の隠れ家になる。
　　　　　　　　　　　　草丈を調整することで、大小さまざまな生物が訪れる（トンボなどは草丈によって
　　　　　　　　　　　　訪れる種類が違う）。
- その他いろいろな管理方法があるが、あくまでもビオトープは生物が主役である。生物の目線で管理を行えば多種多様な生物が訪れてくれる。

ビオトープをつくったら、
最初に戻ってきたのは子どもたちでした。

自然環境に応じたビオトープ

森のビオトープをつくる

森には草原や池・湿地といった、他のビオトープよりはるかに多い多種多様な生物が、木々の枝の間から土壌にいたる空間に生息します。

ポイント① 森のエコトーンをつくる

森と草地が連続して接する場所は、生き物にとって重要な場所となります。こうした場所は境界線ではっきり分けるのではなく、異なる生態系が徐々に移行していくエコトーン（移行帯）にすることで生息環境を充実させることができます。エコトーン（移行帯）を充実させることはビオトープづくりの基礎です。

ポイント② 地元自生種を植栽する

現在、日本に定着している外来種は2千種を超えると言われています。ビオトープをつくることが地域固有の生態系の破壊につながることのないよう、ビオトープには地域に古くから自生している植物を植えることとし、外来種や園芸種は植えないよう、持ち込まれないようにしましょう。自生種であっても、ほかの地域から持ち込むことは避けましょう。

※外来種：人の手によって持ち込まれた種。国内の自生種であっても、ほかの地域から持ち込まれたものは国内外来種となります。
　園芸種：人の手によって交配され、つくられた（自然界には存在しなかった）種。

ポイント③ 境界部を多様化する

森と草地、草地と水辺など、異なる生態系が接する多様な境界部をつくりましょう。
たとえば、森や草地の形を曲線にすることで、生態系の境界部分を長くし、多様性を生むようにしましょう。
また、こうした境界部は急激な変化を避け、連続的に移行していくエコトーン（移行帯）となるように配慮しましょう。

19

森のビオトープをつくる

◆森のエコトーンは線形に多様性をもたせる

草地と森の境界部（森のエコトーン）は特に多くの生物が集まる場所です。
断面・平面は直線的に仕上げるのではなく、線形に多様性をもたせることが重要です。

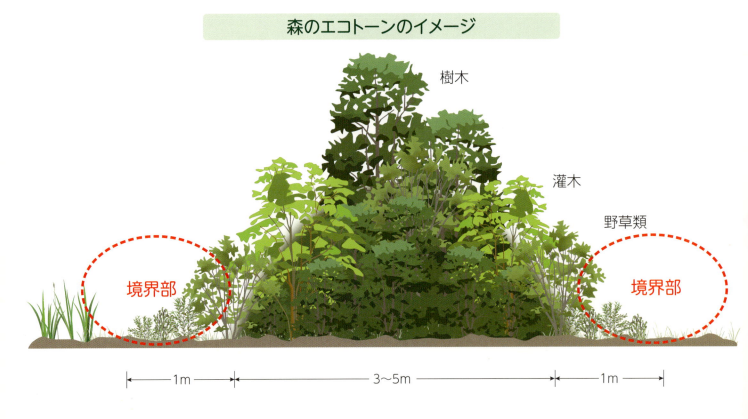

森のエコトーンのイメージ

林縁部の植生が豊かな方が生息する生物の種類も多くなります。自然の森の林縁に学び、それを再現できるよう試みましょう。

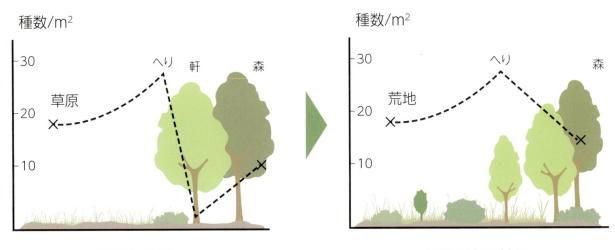

林縁の植生による生息生物の種のちがい

単調な林縁　　　　自然の森の林縁

◆エコトーンを連続させて多様な生物の生息空間をつくる

エコトーンは生態系の境界で全く異なる環境が移行する場所（陸地と水域・草地と森林の境界など）。多くの動物は生活史のステージ（食う・眠る・育つ・産む）によって異なった場所を利用したり、1日の時間によって生活場所を変えたりします。

そのため、エコトーンを連続させて、環境同士のつながりをつくることで、多くの動物たちが複数の生活条件を満たす場所として利用できます。結果としてそこでは種の多様性も個体数も豊かになります。

スイスの森の学習は以下のルールのもとで行われる
・環境問題の話をしない　・人工的な教材を持ち込まない
・木の芽や花を取らない　・競争はさせない

◆自生種を中心とした植栽で森を豊かに活用する

コナラ、アベマキなどを中心とした落葉広葉樹林では、豊富な落ち葉をエサに菌類・細菌類などの土壌微生物やミミズ・昆虫の幼虫などの土壌動物がさまざま生息します。

また、落葉は自然のクッションの林床を造り出します。そこは子どもたちの遊び場所になると同時に、保水性の高い自然のダムにもなります。

子どもたちはその場所で自由に遊びながら、自分たちなりの遊びを見つけることでしょう。

◆森の若返りで健全な木の成長を促進させる

老齢木や生育のよくない樹木は二酸化炭素の吸収量が小さくなります。

若い樹木に更新し、二酸化炭素の吸収量を増やし、健全な樹木の成長を促しましょう。

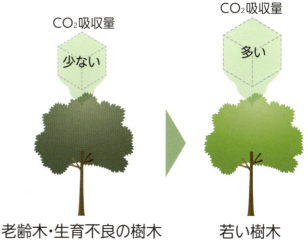

CO_2吸収量　少ない　　CO_2吸収量　多い

老齢木・生育不良の樹木　　若い樹木

森のビオトープをつくる

●case 1 滋賀県営都市公園　びわこ地球市民の森

- 事業主体　滋賀県土木交通部都市計画課
- 事業場所　滋賀県守山市今浜町3089
- 規模　　　約425,000㎡
- 完成年月　2019年度

環境を重視する滋賀県の21世紀記念事業の一環として、旧野洲川南流の廃川跡地における自然再生事業としてビオトープをつくる事業です。「びわこ地球市民の森づくり宣言」を行い、住民参加による植樹などを行って、「自然と人との共生」を呼び掛けています。
国土交通省「住民参加による＜平成の森づくり事業＞」採択事業(2000年)

■ 整備方針・配慮のポイント

- 都市公園(都市緑地)として、「身近な自然と人とのふれあい」をめざし、20年計画で継続的に自然再生に取り組んでいます。
- 「植樹協力ルール」のもとで、市民と行政の協働による苗木の植樹と継続的な育樹を行うことによって、樹林帯(里山的環境)を整備していきます。
- 2012年に約320,000㎡を整備し、旧河川敷が残る約110,000㎡の保存区域の整備に着手しました。2013年には苗木16万本の植樹がほぼ完了し、育樹活動に移行しました。
- 2013年、育樹活動や自然環境学習の場として「森づくり協働活動センター」(仮称)を整備しました。

平面図

ふれあいゾーン

■ 整備効果・展開の仕方など

- ボランティアによる育樹活動の拡大、生物調査の継続を図り、息の長い協働によって自然再生に取り組んでいきます。
- 地域行事の場としての利活用を拡大していきます。

自然教室
森づくりサポーター育樹活動

植樹地の除草作業

びわこ地球市民の森のつどい(2009)

ドングリからの苗木づくり

びわこ地球市民の森づくり宣言

成長した樹林地の枝落とし・間伐作業

● case 2 **うねべ里山**

- ■ 事業主体　緑野(みどりの)の会
- ■ 事業場所　愛知県豊田市畝部東町地内・柳川瀬公園隣接地
- ■ 規模　約1,600㎡
- ■ 完成年月　2012年2月

うねべ里山は、市民に親しまれ、利用者も多い都市公園(柳川瀬公園)に隣接し、地域で数少ない里山でしたが、竹やつる植物が繁茂し、粗大ごみの捨て場となっていました。
2007年から6年間にわたり、地域環境ボランティアグループ「緑野会」と地域企業との協力で再生に取り組んできました。

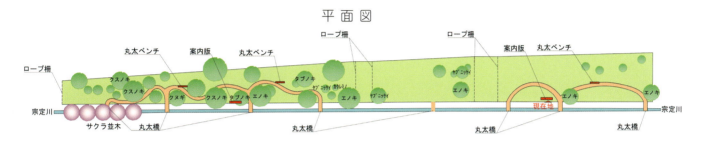

平面図

■ 整備方針・配慮のポイント

- うねべ里山はすべて民有地であることから、地権者に里山保全の重要性を理解してもらい、年8回程度の竹林の間伐、雑木林の整備、草刈りなど、里山の再生・整備を進めてきました。
- 都市公園の隣接地であり、市民が利用できる里山を目指し、遊歩道(現地伐採木リサイクルによるチップ敷き)や河川を渡る丸太橋を設置しました。
- 残された貴重な自然(ヤブカンゾウ、ヤブコウジ等の地被植物の保護等)に配慮した整備に努めました。
- 利用者により一層里山に親しんでいただくため、里山案内板や樹名板を設置し、身近な里山や日本の原風景を楽しんでいただく取組みをしました。

■ 整備効果・展開の仕方など

- 竹林、雑木林を間伐し、適度な木々の間の隙間を確保することにより、多くの鳥類、昆虫類も姿を見せるようになりました。また、間伐による適度な日差しにより地被植物の増殖も見受けられるようになりました。
- 遊歩道の設置により多くの市民に利用され、里山保全の意識向上につながりました。
- 子どもたちの環境学習の場として、里山・自然環境への意識啓発に役立てていきます。

河川を渡る丸太橋を設置

案内板を設置し、利用者に里山づくりの整備について説明するほか、平面図を入れて樹木名・地被植物の説明も行う

森のビオトープをつくる

●case 3 幌加内(ほろかない)ビオトープ

- 事業主体　幌加内ビオトープ研究会
- 事業場所　北海道雨竜郡幌加内町雨煙内
- 規模　　　約12,000㎡
- 完成年月　2014年10月

1983年、国営南幌加内地区総合農地開発事業によって森林や原野が開発され大規模な畑地が造成された際に、雑木林や沢、池などの里山の原風景を残しながら整備された約12,000㎡のビオトープです。

■ 整備方針・配慮のポイント

- 手入れされることなく放置され、クマイザサに覆われていた雑木林を整備し、ドロノキやヤナギ、シラカバ、ミズナラ、スミレ、エゾエンゴサクなどの元々の植生を保全しました。

- ヒメギフチョウやクジャクチョウ、コヒオドシ、ミヤマカラスアゲハなどの食草であるオクエゾサイシン、イラクサ、キハダなどを移植しました。

エゾエンゴサク

エゾリス

トラマルハナバチ

エゾイチゲ

■ 整備効果・展開の仕方など

- 狭いながらも、湿地・池・草地・林が混在しており、町内では見かけることのない数多くの植物や小動物が生息している姿が観察でき、この地域にこんな生物が棲んでいるのかという発見があります。

- 笹を刈ったことで、さまざまな植物の発芽があり、本来の植生の回復が期待されます。

ヒメギフチョウ
オクエゾサイシンの葉を食べて大きくなり、35～39日で落ち葉の下で蛹になり、翌年5月頃にチョウ(成虫)になります。

カタクリ

産卵の様子(左)と
蛹(右)

食草のオクエゾサイシン

case 4 地底の森ミュージアム野外展示　氷河期の森

- **事業主体**　仙台市教育委員会　文化財課
- **事業場所**　宮城県仙台市太白区長町南4丁目3-1
- **規模**　約12,000㎡
- **完成年月**　1996年10月

仙台市では、1988年の富沢遺跡第30次発掘調査によって見つかった旧石器時代（約2万年前）の人類の生活跡と森林跡を保存する「富沢遺跡保存館」とともに、当時の植生に基づいて「氷河期の森」を整備しました。

整備方針・配慮のポイント

- 発掘調査によって明らかになった約2万年前の地形と植生をもとに、草原・沼・湿地をつくり、およそ90種類の植物を配置しました。当時、この地にはトミザワトウヒ（発掘によって発見されたマツ科の新種／絶滅種）、グイマツなどの針葉樹林に、シラカンバやハンノキなどの広葉樹がわずかに交じる湿地林が広がっていたことがわかっています。
- 植生史学・植物分類学の専門家の指導のもと、年2回開催する検討会に受託事業者（造園）も参加して、植生の維持管理に取り組んでいます。また、毎年植物生態調査を実施し、開館以降継続してモニタリングしています。

整備効果・展開の仕方など

- 完成後20数年が経過し、植生の安定とともに、昆虫やカエル、鳥などが観察できる森となりました。地域住民にも親しまれ、子どもたちの利用も増えています。
- 旧石器時代の森を復元した「氷河期の森」を舞台に、帰化植物や外来種問題、植生の遷移といった、時間軸をもった環境学習も行っています。

「氷河期の森」の全景

ビオトープ池

小学生の見学も増えている

池の清掃作業で環境を回復する

地域住民の見学会も行う

ポイント①　河床に変化をつける

流れが蛇行することによって、川に浅瀬と淵（深場）が生まれます。
強い流れ、弱い流れ、早い流れ、ゆっくりした流れなどさまざまな流れによってつくられる瀬や淵に生息条件の異なる多様な生物が棲みつきます。

ポイント②　川を蛇行させる

自然の河川と同じように、石の配置によって流れが蛇行するよう配慮しましょう。流れが蛇行することによって、水際の延長を長くすることができます。水際から草地、そして森へと、連続して徐々に移行していくエコトーン（移行部）をつくりましょう。

🍃 自然環境に応じたビオトープ
川のビオトープをつくる

川はさまざまな表情を持ち、私たちにとって安らぎの場であるとともに、多様な生物が生息する場でもあります。
水際のエコトーン（移行部）、流れの蛇行、浅瀬と淵といった変化をつけることによって、生き物にも多様性が生まれます。

ポイント③ 流れに変化を生む岩や石を配置する

岸辺を石組みにすることでエコトーンをつくることができます。
また、流れの片側に石組みをする水制工を行うことで、蛇行をつくることができます。
大きな落差をもつダムではなく、階段状の滝をつくる落差工によって、魚類の繁殖や遡上を助けることができます。
河床には大小さまざまな大きさの石を置くことで、魚のエサとなる藻の繁殖を促し、水中昆虫などが生息しやすい環境が生まれます。

川のビオトープをつくる

◆自然な川の流れや岸辺の植生で、多様な生物を生息させる

自然な川の流れをつくるために、以下の点に配慮しながら施工しましょう。

・川の線形

自然界の川は上下(深さ)、左右(広さ)を侵食をしながら流れており、侵食作用や地形により川は蛇行してきます。川のビオトープでも自然の川と同じように、直線ではなく蛇行させるとよいでしょう。

・流れの蛇行

流れが蛇行することにより、早い流れや遅い流れ、強い流れや弱い流れができ、瀬と淵が生まれます。瀬と淵にはそれぞれの環境にあった生物が棲むようになります。水路を蛇行させ、瀬と淵をつくることで多種多様な生物が生息・生育できるようになります。

・瀬と淵

瀬…水生生物にとってエサの供給場所や産卵の場所になります。

淵…水生生物にとっての休憩場所や洪水時の避難場所になります。

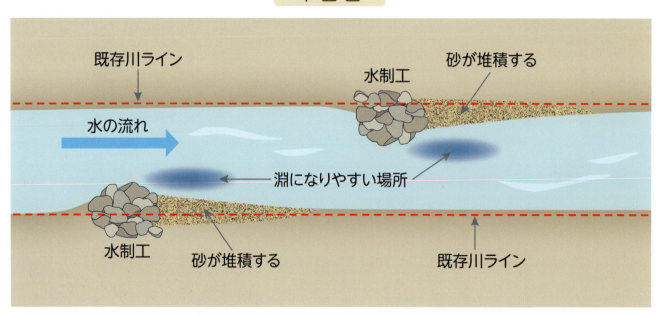

平面図

石の先端部に水流が当たると、流速が早くなるので淵ができる。石の下流側は静水となるので、砂が堆積する。やがて川は蛇行をはじめる。

川では上流域から下流域まで、あらゆる環境を利用して水生生物が生息しています。

生物の種類によって生息環境が異なりますが、同一種でも成長段階、季節、昼夜、緊急時などによって生息場所を変えます。

そのため、川を蛇行させ、瀬や淵をつくり、岸辺には草や樹木を育成して適当な日影をつくることで、生物の産卵・休憩などの場所や育成場所になります。

いろいろな環境をつくることで、川には多種多様な生物が生活できるようになります。

断面図

平面図

川の流れの断面図

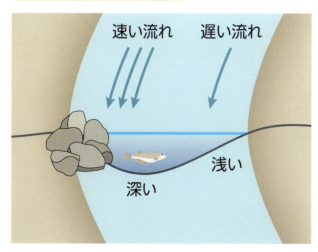

川の速い流れが深い淵をつくり、遅い流れが浅い瀬をつくる。

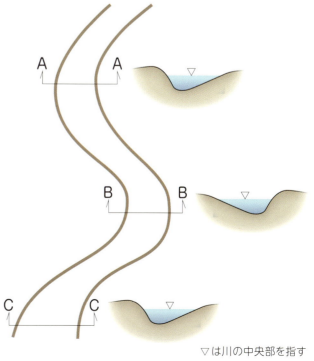

▽は川の中央部を指す

川のビオトープをつくる

◆自然に近い、多様性を生むための石の配置を行う

　落差は河床勾配を緩くする役目のほか、水面を波立たせて水中に酸素を溶け込ませます。酸素がないと魚類はもちろん水生昆虫や植物は生息・生育できなくなり、生物の多様性が失われます。

　落差の高さは約20〜40cm前後とし、水が落ち込む所には深みができます。魚はこの深みで休息し、その後で勢いをつけて遡上します。

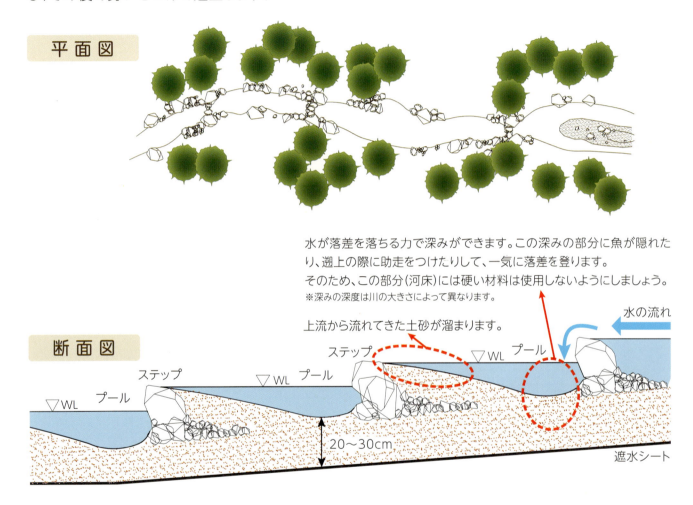

◆ステップ＆プール構造で多様な生息環境をつくる

　ステップ＆プール構造とすることによって、水流のエネルギーを分散させ、河岸侵食や川床低下を防止するとともに、瀬や淵といった多様な生息環境が生まれます。

　また、大小さまざまな岩と流れの緩急が織りなす、野性的でダイナミックな川の景観が生まれます。

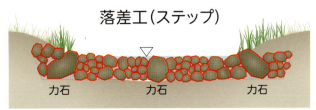
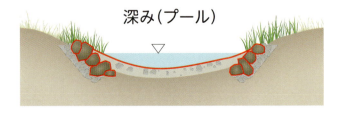

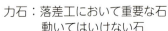

力石：落差工において重要な石
　　　動いてはいけない石

〈工法の違いによる落差工の自然度の比較〉

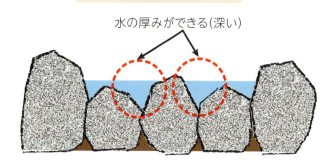

コンクリートの落差工から落ちる水の厚みは一定で浅く、水が落ちる部分には河床が浸食しないように底板コンクリートや蛇篭が敷き詰められています。
これでは川の生態系を異物（構造物）で遮断してしまっているため、魚の遡上はほとんどできません。
また、流れ落ちる水の音も単調で雑音に聞こえます。

自然石の落差工から落ちる水は石と石の間を流れるため水に厚みができ、落差工から落ちた水は河床を浸食し、深みができてきます。
この水の厚みと深みを利用して魚は遡上します。
また、水の流れる音も自然で心地よく感じます。サウンドスケープ（音の景色）も心に訴えかける景色のひとつです。

〈力石の設置標準図〉

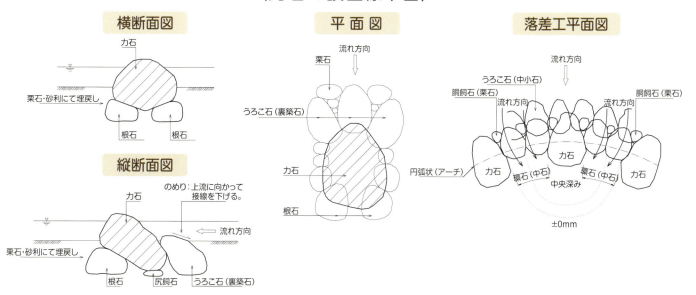

川のビオトープをつくる

●case 1 西広瀬工業団地ビオトープ

- **事業主体** 愛知県 豊田市
- **事業場所** 愛知県豊田市西広瀬町
- **規模** 河川延長 90m
- **完成年月** 2013年3月

工業団地の調整池水路として、当初はコンクリートの三面水路として計画されていましたが、放流先の上海道川にはホタルやホトケドジョウなどの生息が確認されたことから、自然環境に配慮するため、近自然工法による水路整備が行われました。

■ 整備方針・配慮のポイント
- 発注者である豊田市役所、矢作川漁協の指導の下で、石組による多段式落差工など、ホタルやホトケドジョウなどの生息に配慮した近自然工法を行いました。
- コンクリートの堰堤前面への植栽やツル性植物による壁面緑化を行うことによって、生態系や景観との調和を図りました。

■ 整備効果・展開の仕方など
- ホタルやホトケドジョウが戻ってくることを期待しながら、生物調査を継続していきます。

水路(施工時の多段落差工)

堰堤前に植栽を行った

水路(1年後)

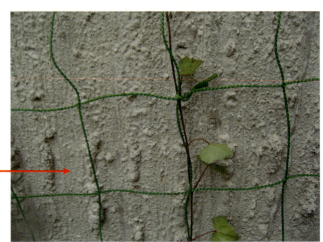

無機質なコンクリート堰堤に網を張り、ツル性植物で覆う壁面緑化を行った

● case 2 # 三田川　水辺の楽校

- 事業主体　滋賀県 大津市
- 事業場所　滋賀県大津市内
- 規模　　　三田川流域 約6km
　　　　　　拠点基地面積 約300㎡
- 完成年月　2010年3月

「水辺の楽校」は、国土交通省がすすめる河川愛護・環境教育視点を取り入れた河川整備のプロジェクトです。地域住民やNPO法人おおつ環境フォーラムが参画して設立された「三田川水辺の楽校運営協議会」によって、子どもたちが水辺に親しむことのできる様々な活動が行われています。

■ 整備方針・配慮のポイント

「三田川　水辺の楽校」の基本理念は次のとおりです。

- 三田川の活用と整備を子どもたちの目線で考える
　子どもたちが三田川と関わる機会を生み出し、遊び、感じ、川にふれあう環境を整備します。

- 地域に支援された活動を継続する
　個人、家庭、地域が連携し、子どもたちを継続的に支援します。

- 里山的な環境を保全する
　三田川上流の豊かな里山環境を守り育みます。

- 川と安全につきあう
　子どもたちが自ら安全に対する感覚を身につけられる活動を実践します。

基本理念に基づいて、地域住民と河川管理者の協働によって拠点基地を整備し、子どもたちが安全に水辺に近づけるように堤防の緩斜面化、遊歩道の整備、間伐材を使った木橋やベンチの設置、植林による日陰づくりを行うとともに、観察の場として中洲やワンド、瀬を整備しています。

■ 整備効果・展開の仕方など

- 三田川探検として、水質調査・生きもの観察会、河川に関する講演会や見学会といったイベントを開催しています。

- 魚の遡上を助ける魚道の整備やホタルの育成など、活動を流域全般に広げていくための活動に取り組んでいきます。

拠点基地の全景(上流部より撮影)

生物観察の場として整備したワンド

小学生を対象にした自然観察会

川のビオトープをつくる

●case 3　滝見ビオトープ

- **事業主体**　国土交通省名四国道事務所
- **事業場所**　愛知県豊田市滝見町地内
- **規模**　約1000㎡（流路部 約90m）
- **完成年月**　2001年9月

東海環状自動車道の建設工事に伴う里山環境の破壊を防ぎ、もともとあった自然を残すために整備しました。この場所にはヘイケボタルが生息しており、生息地の保全も目的としています。自動車道の建設によって河川の断面や線形が変わったことや道路の法面がコンクリート舗装されたことによる、気温・水温の変化が与える影響を緩和することに配慮しました。

■ 整備方針・配慮のポイント

- 自動車道の法面からの川までの高低差は10メートルほどあり、雨水が一気に川に流れ込むことになるため、雨水が流れ込む場所では川床が洗堀されないように自然石を使った石組で段階的な落差（ステップ）を設置し、さらに流速を抑えるために水たまり（プール）を設置しました。

- 法面がコンクリートであるため、夏季には川の周囲の気温が高くなることが予想されたことから、化学系接着剤を使用していない木質リサイクルボードを使って法面を覆うとともに、ヤナギの挿し木などの植栽を行って日陰をつくりました。

- ホタルの生息地としての環境を保全するためには、ホタルのエサとなる生物の生息にも配慮する必要があることから、すべて現地の状況に応じて設計図を調整しながら実施しました。

■ 整備効果・展開の仕方など

- 土壌はもちろん、木陰をつくるなどの配慮が功を奏し、ヘイケボタルの生息数は増えています。挿し木したヤナギの成長は予想以上に早く、木陰による気温などの抑制効果も挙がっています。

- 河川内の石の配置は効果的でしたが、台風など大雨によって一部崩壊した箇所も出てしまいました。洪水に近い状況にも耐えうるような石の配置が必要です。ビオトープは、そのすべてを人の力だけでつくり上げるものではなく、自然とともに変化し、できていくものだと感じています。

ビオトープの全景

ホタルの幼虫のエサになるカワニナも生息

自然な線形を描いた小川

自然石を使った石組でつくった落差工

●case 4　普通河川 ソウレ川

- ■ 事業主体　愛知県 豊田市
- ■ 事業場所　愛知県豊田市平松町
- ■ 規模　　　河川延長 約40m
- ■ 完成年月　2009年2月

市役所土木課の設計に基づいて行われた1期工事（2008年）では、コンクリートの三面水路に大きな石が貼り付けられ、流れは単調で、川床にも変化がなく、魚などの生息や遡上は期待できない状態でした。
そこで、三面水路に手を加えることによって流れや川床に変化をつくり、魚の生息や遡上を実現していくために三面水路の近自然化を行いました。

■ 整備方針・配慮のポイント

周りの景観を崩さずに瀬や淵を創出するために、以下の工事を行いました。

・水制工を設置する
　直線的な三面水路に水制工を加え、水の流れに変化をつけました。水制工では流れが速くなって深み（淵）ができる一方、水制工の下流部では静水域ができて砂が堆積して瀬が生まれました。

1期工事前

・自然石で落差工を設置する
　分散型落差工は根石、役石、間石の組み合わせでアーチ状に組んでいきます。
　役石に高さの変化を付け、多様な流れをつくり出します。
　落差工をアーチ状に組むことで、落差から水の落ちる部分が中央に集まり、深みをつくります。深みは魚が遡上する際に休憩し、助走をつける場所となります。

1期工事後
（三面水路化）

・丸太で落差工を設置する
　近自然工法では石を使用するだけでなく、瀬や淵ができる環境をつくり出すことができるのであれば、コンクリート製品を使用することもできます。
　ただし、河川景観も大事な要素となるため、景観を崩さない工夫が必要となります。そのため、今回は試験的に丸太による落差工や水制工を施工しました。

■ 整備効果・展開の仕方など

・水制や落差を設置することで、単調な流れから多様な流れがつくり出され、起伏のない河床から、起伏のある河床に変わりました。

・1年後に生物調査を行ったところ、今回施工した区間の上下流がボックスカルバートで挟まれているにも関わらず、たくさんの生物の生息が確認できました。

・カワムツやオイカワ、ヨシノボリ、ドンコ、ドジョウ、メダカ、サワガニ、カワニナ、マツモムシ、トンボのヤゴ（5種）などの生息が確認されています。

2期工事後
（近自然化）

川のビオトープをつくる

●case 5　普通河川 山田川

- **事業主体**　愛知県 豊田市
- **事業場所**　愛知県豊田市御船町地内
- **規模**　　　川幅 約5m　落差工5段
- **完成年月**　2000年10月

山田川は御船川・籠川を経て矢作川に流れ込む河川です。河川管理者である豊田市により、川沿いには芝生の河川敷公園が整備されています。山田川は何度かの災害の経験から三面張り水路化され、あちこちに高さ1.5メートルの落差工(堰)が設けられていました。

市では河川敷公園のビオトープ化をはじめ、山田川流域全体構想の検討を進める中で、「落差工の改良なくしては河川敷公園のビオトープ化の本質的な意味はない」という問題意識から、落差工の改良工事が行われることになりました。

■ 整備方針・配慮のポイント

- 施工前には落差1.5mのコンクリート製の直壁があり、魚は遡上できない状態でしたが、そこに自然石を使った石組によって落差20～30cmのステップを設け、魚が遡上できるように変更しました。

- 石組は川の流路に直角に直線状に配置するのではなく上流に向かってアーチ状に配置するとともに、アーチの下流側には淵(プール)をつくって、魚が遡上する際にいったん深く潜ってから跳ね上がることができるようにしました。

- 水が石組の間を流れ落ちるように工夫し、深さによって流速に変化ができるようにし、流れに厚みを持たせました。

■ 整備効果・展開の仕方など

- これまで直壁落差工により遮断されていた川がつながり、広い範囲で魚の生息を確認できるようになりました。

- 落差の浅瀬には草が生え、落差間のプールにも魚や水生生物の生息がたくさん確認できます。

施工前

施工完了直後

自然石を使った石組(上：施工時／下：施工後)

施工2年後には落差の浅瀬に草が生える

●case 6　準用河川 太田川

- **事業主体**　愛知県 豊田市
- **事業場所**　愛知県豊田市豊松町、大内町
- **規模**　改修延長 713m
- **完成年月**　2000年3月

太田川は徳川・松平氏発祥の地を流れる矢作川の一部です。もともと圃場整備事業に伴って5分勾配のコンクリート護岸が計画されていましたが、近隣住民の「ふる里の川の日常の自然を残したい」との思いから、多自然型川づくり工法による河川整備事業を1990〜1999年度に実施しました。

■ 整備方針・配慮のポイント

- 多様な生物の生息空間の創出とふる里の川の景観を保全することを目指して整備しました。
- 山付部や河岸の既存の樹木、自然の岩盤をできるだけ保全する河道形態としました。
- 川が大きく湾曲している区域では、水衝部となる外岸を5分勾配の石積み護岸とし、護岸上部にVカットを施し、ヤナギ類やツタ類などの自生種を植栽しました。
- 川の流れが直線にならないように、川幅が比較的広く確保できる区域では本流の脇にワンドを設置し、落差工を多段式魚道とすることで流れや水深に変化を持たせました。

平面図

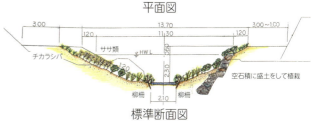
標準断面図

護岸の勾配を変化させ、流れを直線にしない

護岸のVカットに自生種を植栽

■ 整備効果・展開の仕方など

- 事業完了後は、地元住民で組織される「太田川水辺愛護会」による維持管理（除草、ゴミ拾いなど）が継続され、地域に愛される川になっています。
- 2012年度には、棟積みの多段式魚道が自然石を用いた分散型落差工に改修され、川床の流れがより多様に豊かなものとなりました。
- 地域住民からは、「開放的で親しみやすい故郷の景観が再生され、川に近づきやすくなった」との声が聞かれました。
- 生物調査の結果、水生生物に対する改修工事の影響が回避、低減され、早期回復が図られたことが評価されました。

護岸は空石積みとしてワンドを設置

川のビオトープをつくる

●case 7　一級河川 矢作川　古鼡(ふっそ)水辺公園

- **事業主体**　愛知県豊田加茂建設事務所
- **事業場所**　愛知県豊田市扶桑町、越戸町
- **規模**　延長 800m
- **完成年月**　1993年3月

古鼡水辺公園の護岸整備では、直線的で無機質なコンクリートによらず、わが国初の近自然工法による水制工を実現しました。浸食傾向にあった低水路の自然護岸を安定させるため、河川管理者や豊田市、地元関係者らによる協議を踏まえて実施したものです。
水制工整備とあわせて河畔林や矢作川への遊歩道の整備も行われ、周辺流域が「古鼡水辺公園」とされました。

■ 整備方針・配慮のポイント

- 水制工整備にあたっては、スイスのライン川支流のトゥーア川の水制工を参考にしました。
- 矢作川延長約800mの緩やかな水衝部に、近くの工事現場から出た巨石を使い、1991年に試験的に石積水制1基を片側に設置し、翌92年にかけて全8基を設置しました。
- 水制工により水の流れを川の中央に向け、低水河岸の保護を図っています。
- 空石積み水制工によって、水際に凸凹や空隙のある空間が創出され、生物の生息環境の視点からも多様な水環境の形成と矢作川原風景の創出を図りました。
- 水制工整備にあわせて、地元住民の手でうっそうとしていたモウソウチクなどの伐採が行われ、マダケ、タチヤナギ、エノキ、ムクノキなどを中心とした河畔林となりました。矢作川への遊歩道も整備され、「古鼡水辺公園」とされました。

■ 整備効果・展開の仕方など

- 2000年の東海豪雨によって上流側の水制2基が破損しましたが、堤防の浸食には至らず、治水機能が立証されました。
- 主に住民で組織される「古鼡川公園愛護会」によって維持管理が行われ、地元の人々の憩いの場として、またバーベキュー場や矢作川筏下り大会のスタート地点、河会議の開催場所などとしても利用されています。
- 2007年度には、土木学会景観デザイン優秀賞を受賞しました。

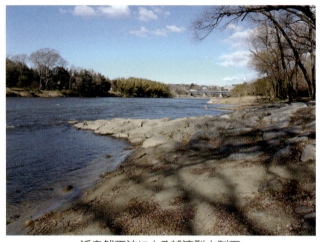

近自然工法による越流型水制工

水制工により水際の流れは緩やかになっている

近自然工法による水制工設置の平面図

一級河川矢作川の平戸橋下流(河口から44km付近)は左岸側か湾曲した河川水衝部にあたり、河岸の浸食が激しいため平常時の河岸保護を目的として、巨石による水制工や玉石による低水護岸を施工しました。
しかしながら河床に砂泥が堆積するなど自然環境の悪化が懸念されるようになったため、流れに変化をもたせて多様な河川空間を創り出すことにより、魚類や水生生物の生息に適した環境づくりも同様に図ってきています。

●case 8　普通河川 加納川

- ■ 事業主体　愛知県 豊田市
- ■ 事業場所　愛知県豊田市加納町
- ■ 規模　　　加納町地内
- ■ 完成年月　1991年12月

加納川は猿投温泉に隣接した、崩れやすい花崗岩地帯を流れる河川です。洪水により川岸が崩壊し、その復旧工事が必要となりました。復旧工事にあたっては、周辺の温泉地の景観に配慮した改修とするため、近自然工法のステップ・プール工法をわが国で初めて導入しました。

■ 整備方針・配慮のポイント

- 山間部の自然な渓流を復元するため、柳枝工で護岸の施工を行いました。被災した川岸に丸太を井桁に組み、その間に柳の枝を挿し、柳の根が張ることで護岸の強化を図るものです。
- 川道の洗掘を防ぐため、小規模落差工群を石組構造による「ステップ・プール」工法で施工しました。川床には水路幅程度の間隔で、両川岸の法尻の先端と中間に力石となる巨礫を埋め込み、その間に中小の礫を充填しました。

■ 整備効果・展開の仕方など

- 工事完了後、二度の大きな豪雨を経験しましたが、川床の低下は発生せず、小規模な自然の渓流に近いステップ・プールが維持されています。
- 豪雨により多少の復旧工事の必要性が生じたため、復旧工事にも自然石や間伐材を用いて施工を行いました。
- 2012年度には近自然工法の現場研修も兼ねて、分散型の落差工の手直しなどを行いました。

施工直後（1991年）

施工1年半後（1993年）

2012年に行われた近自然工法の現場研修

施工約20年後（2012年）

川のビオトープをつくる

●case 9 一級河川 安永川(あんえいがわ)

- ■ 事業主体　愛知県 豊田市
- ■ 事業場所　愛知県豊田市今町ほか地内
- ■ 規模　　　開水路 130.29m／魚道 50.85m
- ■ 完成年月　2015年3月

一級河川安永川トンネルの下流において、平坦な開水路と小さく区切られた魚道の整備が計画され、多様性のある水の流れを創出する施工とすることになりました。その結果、矢作川合流部からアユやオイカワなど、自生種が遡上・生息できるようにしました。

■ 整備方針・配慮のポイント

＜開水路の整備＞

- 低水路の河床勾配を大きくし、河道に本来形成される水の流れの蛇行（川幅の5倍程度の半波長）を想定し、瀬頭となる場所に石組み落差工を設置し、変化のある水の流れとしました。

- 増水・洪水時に水衝点となる蛇行部の川岸には、河床の掘削で発生した石材を用いた石組みの水制工を施すことにより護岸しました。

- 川幅に余裕のある場所では、魚の成育場所や水生昆虫などの生息地となる小さなワンドを形成しました。ワンドはあらかじめ深く掘削（素掘り）し、水制工や導流堤で流れを導いてワンドの形を維持できるようにしました。

＜魚道の整備＞

- 水路の河床に高低差があるため、階段状の石組み落差工を設置しました。階段状の落差工との間は小さなプールができるため渇水期の水量を確保し、魚の左右移動や遡上ができるように配慮しました。

- 水の流れによって落差工の下に魚の休憩場所・遡上時の助走を付ける場所（淵）がつくられるように、アーチ状の石組み落差工を設置しました。

- 魚道最上流の帯工部分は2枚壁にして、魚などの生息場所・隠れ場となる空間を確保しました。

開水路と魚道整備のイメージパース

開水路・魚道の全景

■ 整備効果・展開の仕方など

- 開水路の整備は新たな河道掘削であり、想定上の流れや水衝点に基づいて試験的・実験的な施工によって整備したことから、今後ともモニタリングを行い、フォローアップをしていく必要があります。

石組みにより魚道を整備

二枚壁の隙間で魚の生息場所を確保

case 10 一級河川 明智川

- **事業主体** 岐阜県恵那土木事務所
  岐阜県 恵那市
- **事業場所** 岐阜県恵那市
- **規模** 延長 120m
- **完成年月** 2014年6月

矢作川水系の一級河川である明智川は、昭和47年の災害を受けて河川改修が行われました。その際に治水機能を確保するために三面張りとしたことから、魚類をはじめとする水生生物の生息が難しく、単調な河川空間となってしまいました。そこで、治水機能に影響を与えないことを前提に、川の一部に魚類の休息場をはじめとした多様な自然環境の創出に取組みました。

整備方針・配慮のポイント

- 既設の練積護岸や流下能力等の現状機能を維持しつつ、流れの蛇行を想定し、自然の川に形成される淵や瀬、砂洲を再現しました。

- 本石橋の上流部は緩くカーブしていることから、水衝部となる右岸側は小径の自然石で寄せ石を行って護岸を保護するとともに、瀬や淵など多様な流れが創出できるように、瀬頭となる場所に分散型落差工を設置しました。

- 本石橋の直下は、水の表情を豊かにするため、変則2段の落差工にS型落差工を組み合わせ、川岸は寄せ土とし、水際の多様性を確保しました。

整備効果・展開の仕方など

- 明智川川床の多自然整備によって自然環境や景観が向上し、来訪者や市民が川に親しみ、まちの中心部と一体になってにぎわいが増加することを期待しています。

施工直後の本石橋上流部全景

多様な流れをつくる分散型落差工

水の表現を豊かにする寄せ石(写真左)と練積護岸(写真右)

多自然整備により自然環境や景観が向上

川のビオトープをつくる

●case 11 準用河川 五六川

- 事業主体　愛知県 豊田市
- 事業場所　愛知県豊田市久保町3丁目
- 規模　　　五六川延長 217m
　　　　　　（児ノ口公園 約19,000㎡）
- 完成年月　1995年3月

準用河川安永川の支川である古五六川は、1960年頃の土地区画整理事業による児ノ口公園整備の際に暗渠化されていました。
安永川の水質改善のために、一級河川矢作川から浄化用水を導入する国の事業を契機に、児ノ口公園に整備されていたグラウンドやプールを壊し、暗渠化されていた五六川を掘り起こして、都市の中に森を再生する「都市公園の野生化」を目指して、多自然型の川の整備を行いました。

■ 整備方針・配慮のポイント

- 暗梁化されていた五六川を掘り起こし、流路を蛇行させることによって淵や瀬、止水域を形成したり、護岸を空石積みにしたりして、多様な生物が生息・繁殖可能な環境を創出しました。
- 自然な川の線形とするため、施工時には実際に水を流して流路を決定しました。
- 施工時には地域住民を対象に現場見学会を実施し、住民の理解を得るよう努めました。また、施工にあたっては、地域の昔話などを参考に、かつて地域にあった里山を再現するとともに、湿地帯には田んぼも整備されました。

■ 整備効果・展開の仕方など

- 河川も含めて公園内の日常的な管理は、地域の有志で構成された「児ノ口公園管理協会」が豊田市と維持管理の委託契約を結んで実施しています。
- 隣接する神社の大木では、フクロウの一種アオバズクが子育てをするようになりました。

現在の児ノ口公園

施工前に公園の下に埋められていた五六川（上）を掘り起こして復活させた（下）

施工前の直線的な空間（上）が施工後には曲線的で自由な空間（下）になった

隣接する神社の大木にはアオバズクも生息するようになった

case 12 揖斐川・根尾川・牧田川

- **事業主体** 国土交通省 中部地方整備局
  木曽川上流河川事務所
- **事業場所** 揖斐川、根尾川、牧田川
- **規模** 堰堤9か所において魚道設置11基
- **完成年月** 2010年

揖斐川などの河川では、地域に住む人々の生命や財産を守るために治水対策が行われてきましたが、生態系や景観に対する影響が懸念されるようになりました。そこで国土交通省では、「魚がのぼりやすい川づくり推進モデル事業」を1991年より進め、本支流のモデル河川において魚道の遡上、降下環境の改善に乗り出しました。

揖斐川、根尾川、牧田川においては、国土交通省中部地方整備局木曽川上流河川事務所により、魚道の整備工事が進められました。

■ 整備方針・配慮のポイント

- 揖斐川は自然豊かで多くの生き物が寄り添う河川であり、アユの遡上も見られていましたが、治水・洪水対策用の堰堤の段差により海からの稚アユの遡上が妨げられる状態となっていました。この堰堤の段差を解消し、遡上ルートの確保をするために棚田式魚道の整備をしました。

- 棚田式魚道は180度の間口を持つ魚道です。従来の突出型魚道が魚道正面からしか遡上できないのに対して、どこからでも遡上できることが大きな特徴です。

- 既設の突出型魚道の両脇に棚田式魚道を設置することで、既設の魚道の機能を向上させる効果もあります。

- 整備にあたっては、玉石を用いることにより景観への配慮も行いました。

- 棚田式魚道の設置は、揖斐川のほか、その支流である根尾川、牧田川でも行いました。

どこからでも上がれる棚田式魚道の特長

■ 整備効果・展開の仕方など

- 遡上調査により、稚アユの遡上を含め、水生生物が堰堤において棚田式魚道を使用して移動していることが確認されました。

- また、地元漁業関係者から、稚アユの遡上が多くなり、上流で捕獲されるアユが多く大きくなったとの声が聞かれました。

棚田式魚道設置前（既設魚道）

既設魚道の両脇に設置された棚田式魚道

玉石を用いて景観にもなじむ

川のビオトープをつくる

●case 13 東京農業大学　伊勢原農場内の栗原川

- 事業主体　東京農業大学教育後援会
　　　　　東京農業大学伊勢原農場
　　　　　NPO法人日本ビオトープ協会
- 事業場所　神奈川県伊勢原市三ノ宮
- 規模　　　農場内栗原川流路 約100m
- 完成年月　2014年3月から継続中

東京農業大学伊勢原農場の中央を流れる栗原川は、従来ゲンジボタルの生息地として有名でしたが、治水対策優先の整備が繰り返された結果、その姿は全く見られなくなってしまいました。
しかし、栗原川上流の用水路では少数ながらゲンジボタルが発生していることを知り、栗原川でのホタル再生に取り組むことになりました。環境教育と地域連携の観点から、大学と伊勢原市から協力・後援を受けて取組みました。

■ 整備方針・配慮のポイント

- 栗原川の事前調査を実施したところ、ホタルの生息に適する環境要件である水温と水質などは良好な状態であり、わずかながらホタルのエサとなるカワニナの生息も確認されました。

- 豪雨による最大増水時には、短時間ではあるものの高水敷が冠水する程度の水量となることが見込まれました。したがって治水に考慮しながら、いかに制水するかがホタル生息のための大きな課題であると考えました。

- はじめは小規模な制水工を施して様子を見た上で、さらに環境に順応した方法を取ることにしました。同時に、排水を目的として単純化された流路を、いかにして生物の生息環境に適した複雑な方向に導くか、十分考慮しながら整備を進めました。

- 水勢を見極めながら置き石をし、高水敷を掘り起こしてワンドを形成しました。植生のある高水敷の対岸がコンクリート壁であるため、ホタルの上陸を考慮して連柴柵内にヤシマットを敷き、盛土してセキショウを植栽しました。

- 高水敷に自生する在来植物を残し、樹木を間引いて植生を整備して水辺環境を再生しました。

- 施工期間中にも増水による攪乱が度々起こり、そのたびに改良しながら環境を復元しました。

■ 整備効果・展開の仕方など

- 日本ビオトープ協会の「ホタル水路づくり研修会」を兼ねた作業は、2014年3月から2018年12月までに39回実施されました。

- 2016年3月に第1回のホタル幼虫を放流し、6月中旬に地域の住民とともに「ホタルのゆうべ」として観察会を開きました。時期も遅く、発生を危ぶんでいましたが、十数匹のホタルの飛翔が見られ、多くの人に楽しんでもらえました。さらに個体数の増加を目指し、作業を続けています。

連柴柵工への土砂の詰め込み

水制石を配置してワンドを形成

「ホタル水路づくり研修会」の開催

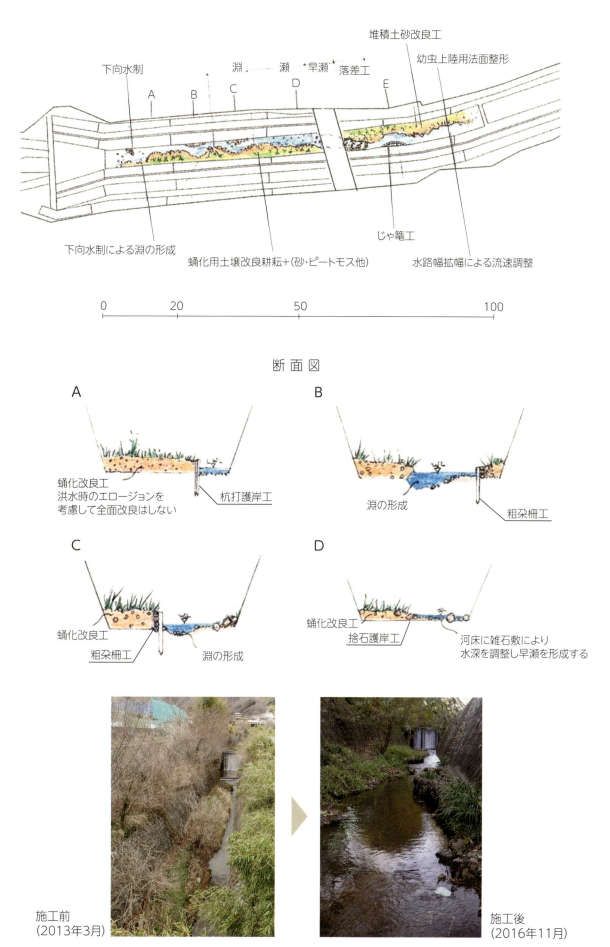

川のビオトープをつくる

●case 14 日本橋川

- **事業主体** 東京都 中央区
- **事業場所** 東京都中央区日本橋室町一丁目8番地先
- **規模** 擁壁護岸 64m
  緑化面積 128㎡(64m×約2m)
- **完成年月** 2008年10月

東京都中央区役所が進める日本橋川再生事業の一環として、日本橋川の垂直な擁壁護岸を緑化するプロジェクトが提案されました。この緑化プロジェクトは河川景観の向上を図るとともに、街づくりのリーディングプロジェクトを目指すものです。事前の調査や試験施工を経た後で本格実施に移りました。

■ 整備方針・配慮のポイント

- 護岸に負担をかけない特殊構造基盤システムの導入
  アンカーを打設することなく卍型の吊鉄筋を用いて、低木や地被、つる植物用のメッシュプランターを護岸天板レベルに設置しています。このプランターは軽量の特殊な接合部品を使って連結させた単管パルプによって、護岸に負荷をかけずに支持されています。

- 景観形成を目標に高木や低木、地被が植えられるシステムの採用
  擁壁護岸面を単に緑化するだけではなく、高木を擁壁裏の下部に設置したプランターに植えられるシステムも取り入れ、直線的護岸に高木、低木、地被類を含んだ変化に富んだ景観形成を行いました。

- 日本在来の高低木と多様な地被・つる植物の選定
  高木はビル間の窓がない箇所を選び、日本の代表的な樹種(ヤマザクラ、イロハモミジ等)を植えました。低木もヤマブキ、ウツギ、ニシキギ、カンツバキ等日本産の代表種を選定し、2m間隔で植え、紅葉や花、葉色の変化による四季の彩りを考慮しました。地被類は多様なヘデラ類やコトネアスター、修景バラ、ランタナ等を2m間隔で植え、多様性が生まれるように配慮して全体の植生を計画しました。

■ 整備効果・展開の仕方など

- 植物は全体的に良好に生育し、直線的、無機的であった擁壁護岸に変化に富んだ緑の景観ができ上がってきています。護岸天端から水面まで約4mのコンクリート面もかなり植物に覆われてきました。

- 年間2回、緑化の進行状況を確認するための点検と定期管理を行っています。

施工前(左)は全く緑がない無機的なコンクリート擁壁護岸が、緑化事業により美しい緑あふれる護岸に大きく変容してきている(右)

川

47

🍃 自然環境に応じたビオトープ

池や湿地の
ビオトープをつくる

ひっそりとたたずむ池や湿地は小さな生態系によって支えられる、ホタルやトンボ、小魚などの秘密の隠れ家です。ビオトープをつくったら、なるべく人の手を加えずに自然の力で生態系が生まれるよう、細やかな配慮が必要です。

ポイント①　池底に変化をつけ、水の深さは浅くする

池底には起伏をつけ、多様な生息環境をつくりましょう。池の大きさや池に流れ込む水の量にもよりますが、大体、30〜60cmくらいの深さが良いでしょう。流れ込む水の量に対して水深を深くしすぎると、池の水が動かなくなり、酸素の供給が減って水質が悪化してしまいます。絶えず水が動くよう、配慮が必要です。

ポイント② 護岸は隙間構造にする

エコトーン（移行部）となる岸辺には、石や粗朶（そだ）などを使うことで、生物の隠れ家となる隙間をつくりましょう。

ポイント③ 自生種で多様な植生をつくる

池や湿地には水草、日陰をつくる樹木、日陰にはシダ植物、水際の湿地から乾燥地へと広がる様々な草など、その地域の自生種を使って植えましょう。植物によって土壌が豊かになり、繁茂して生態系が豊かになります。

池や湿地のビオトープをつくる

◆池にはいろいろな生物の隠れ家をつくる

　池はいろいろな生物が棲む場所となるため、不規則で複雑な形にし、隠れ家や産卵場所など様々な場が必要です。

　水の中で暮らす生き物には、深みを好む生物・浅い所を好む生物などがあり、水深に変化をもたせることで、池にやって来る生き物の種類を多くすることができます。

　護岸は石(空石積み)などを使用して多孔質な空間をつくりましょう。

　池の水には水面から水底に向かって温度の違う水の層ができます。池の表面の水は温められて温度が上がりますが、底部の水は表面よりかなり低い温度になります。

　生物は暑い時期には、底部の温度が低い場所に移動します。生物が生活しやすくするために岸辺に草木を茂らせ、水辺に影ができるようにして表面温度が上がらないようにし、また昼間と夜間との温度差の少ない場所をつくるような工夫も必要です。

多孔質な空間の石積み

粗朶柵の護岸

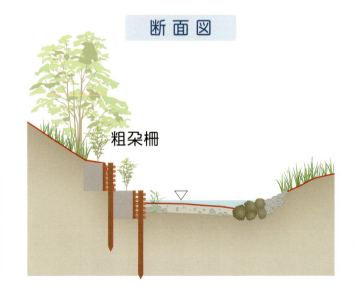

断面図　石積み護岸

断面図　粗朶柵

◆護岸には多孔質な空間をつくる

　護岸は石(空石積み)などを使用し、形は不規則で複雑な形にすることで、棲家や隠れ家、産卵場所などさまざまな場を提供する必要があります。

　魚は種類によって生息環境が異なり、同一種でも成長段階や季節、昼夜、緊急時などによって生息場所を変えます。そのため、川が蛇行して瀬や淵があったり、護岸には石積みや粗朶柵によって隠れ場となる空間をつくったり、岸辺には草や樹木を植えて適当な影をつくったりすることによって、産卵場所や稚魚の成長場所とします。

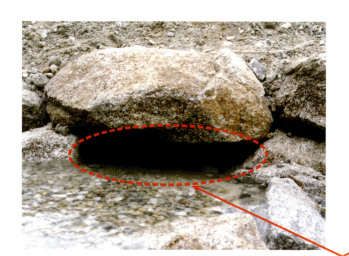 

魚の棲家や隠れ家、産卵場所になる

◆水域と陸域のエコトーン(移行帯)をつくり、多様な生物種を生息させる

　池・川の護岸は単調なコンクリート等では生物の多様性は望めません。多孔質な空間をつくることで、水辺と陸地、陸地と草地の境界に多様性をもたせ、生物の好む環境をつくります。

　また、水辺は水中と陸地(砂地、草地など)という異なった生態系をゆるやかにつなぐ「エコトーン(移行帯)」にすることで、多様な植物・動物が棲みつくようになります。

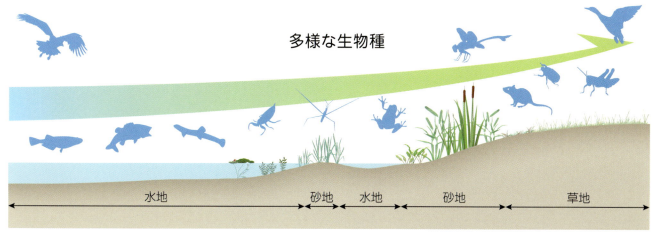

水域と陸域のエコトーン(移行帯)

池・湿地

池や湿地のビオトープをつくる

◆湿地を多様な生物の生育・生息場所にするための しくみをつくる

　湿地帯はトンボ（ヤゴ）、ミズカマキリ、ゲンゴロウ、タイコウチ等の水生昆虫やメダカ、ドジョウ等の魚類の棲む多種多様な生物の生息空間です。湿地帯では流れがほとんどなくなり、水深は太陽光が水底まで届く5〜10cm程度です。

　湿地ではプランクトン等の微生物が発生し、魚などのエサになると同時に水の浄化役となり、海における干潟の役割と同様に生態系の底辺を担う極めて重要なゾーンです。

　観察護岸や観察デッキを設けることによって、水辺に近づいて観察できる空間にすることもできます。

・抽水植物地帯は高低のある植物を混在
背の高いヨシ群落と背の低いコウホネ群落が混在するようにします。

・わずかな流れをつける工夫を
水が滞留しないように、河床に変化をつけて水位の調整をし、わずかな流れをつけましょう。

・水中の酸素不足を防ぐ
水面を水草が覆いつくすと光が遮られ、水中の酸素が不足し、生息する生物に影響を及ぼすので注意が必要です。
水面1/3程度は水草に覆われないように残しておく必要があります。
水生植物は魚が卵を産みつけたり、トンボなどが休憩したりするほか、水生昆虫の隠れ家にもなります。

〈池で生育する植物〉

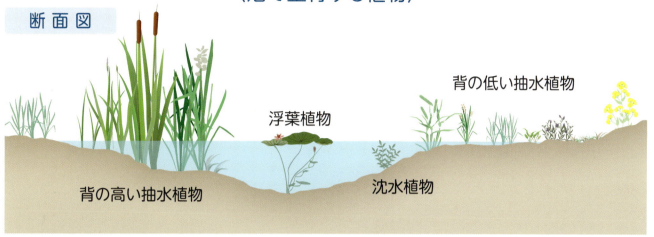

断面図 / 背の高い抽水植物 / 浮葉植物 / 背の低い抽水植物 / 沈水植物

湿生植物
水際線に生育する植物で背の高い植物ではヤナギ類、ハンノキ、丈の低い植物ではセキショウ、ミゾソバが代表的です。また、裸地部には、イヌビエ、ミソハギなどが植生します。
水際の湿地の草むらは、トンボやホタルの羽化の場所や、さまざまな昆虫、小動物の棲み家として重要な役割をしています。

抽水植物
水底の土の中に根をもち茎葉を水面上に抽出する植物で、ヨシ・ガマ類が代表、ほかにフトイ・ショウブや丈の低いコウホネ・オモダカなどがあります。
抽水植物が生える浅水帯は、魚類、両生類、とんぼ類などが産卵し、その幼仔が育つ場所としてきわめて重要です。

イヌビエ

ミゾソバ

ガマ

コウホネ

浮葉植物
湖底に根を張り、葉を浮かべる植物でヒシ類、アサザ、スイレン等が代表的です。
群落には魚類、両生類、とんぼ類などが産卵し、その幼仔が育つ場所として重要です。

沈水植物
植物体全体が水中にあり、水底に根を張っている植物です。バイカモ、ホザキフサモ、クロモ、エビモなどのほかに、シャジクモのような藻類も含まれます。

アサザ

ヒツジグサ

バイカモ

エビモ

池や湿地のビオトープをつくる

◆ホタルの棲む環境をつくる

昔から親しまれているホタルは、山間部の流水域に棲むゲンジボタルと、平野部の止水域に棲むヘイケボタルが知られています。両者の違いは生息域の水温が関係してきます。

ゲンジボタルは東日本型と西日本型で発光周期が異なることがわかっており、東日本型は4秒間隔、西日本型は2秒間隔となっています。

生物多様性基本法によって、他地域からの移送はできないことになっているため、地域環境に考慮しながらビオトープを創出する必要があります。

区分		ゲンジボタル	ヘイケボタル
分布		本州、四国、九州	日本、中国東北部、シベリア東部
卵	直径	0.5mm	0.6mm
	期間	25～30日	20日
幼虫	食物	カワニナの幼虫	淡水にすむ巻貝（タニシ・モノアラガイなど）の幼虫
		※幼虫のエサは落葉・石に付着した珪藻・微生物の死骸	
	生活場所	河川、水路など（流水）	水田、池、湿原（止水）
	水質	比較的きれいな水	少し汚れている水
	汚染に対し	弱い	強い
成虫	体長	メス2cm、オス1.5cm	1cm（メスがやや大きい）
	胸の模様	背に十文字	背に縦一線
	季節	6月中旬～7月上旬	7～8月
	飛び方	曲線的	直線的
	産卵数	500～1,000個	50～100個

ホタル：神垣健司 撮影

ホタルが蛹化しやすい岸辺のつくり方

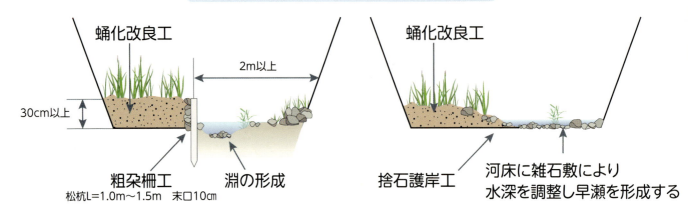

ホタルの生活サイクル

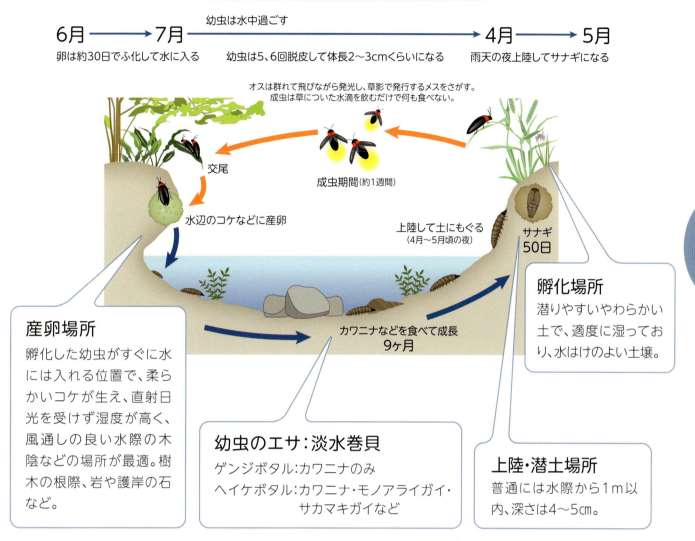

〈ホタルが自然繁殖する環境条件〉

- 化学物質の入らない溶存酸素量が十分な水域であること。
- 小川、湿地ともに年間を通じて水があること。小川の場合は60m以上の長さがあるのが望ましい。
- 幼虫のエサとなる貝類が繁殖できること。
  ※ホタルの幼虫は自分の体の大きさに合った小さな貝をエサとする。ゲンジボタルでは幼虫1匹にカワニナ30匹ほど必要。
- 幼虫がサナギになるための上陸に支障のない緩やかな勾配で、柔らかな土の護岸であること。
- 成虫が飛翔し、繁殖行動を行うオープンスペースがあること。
- 繁殖期には自動車など人工光を遮光できること。
- ホタルは音にも敏感なため、静かな場所であること。
- 成虫の昼間の休憩場となる森林が隣接していること。
- 産卵場所となる水辺の植物が自生していること。
  ※地形は小川を挟んで片側が雑木林(斜面林)、他方が水田(湿地)で、小川と水田(湿地)が一体となっているとなお良いでしょう。

池や湿地のビオトープをつくる

●case 1 岩手県立大学 第一調整池

- **事業主体** 岩手県立大学
- **事業場所** 岩手県滝沢市巣子
- **規模** 約4,400㎡
- **完成年月** 1998年4月

自然や地域の環境に配慮した「環境親和型キャンパス」を指向する岩手県立大学のキャンパスで唯一、恒久的水域を形成しているのが第一調整池で、学内の貴重な水域環境となっています。大学正門近くにあり、起伏を持たせたシバ斜面の低地に位置しています。多くの人々の目に留まる施設であり、キャンパスの景観形成上も重要な役割を果たしています。

■ 整備方針・配慮のポイント

- 1998年に第一調整池を竣工した時の植栽は、修景を意識したものでした。池周囲には浅水部が設け、ハナショウブやスイセン、ヒツジグサなどを、さらにその周囲にはユキヤナギやノリウツギ、ハマナスなどを植栽し、法面はシバ地としていました。その後は計画的に植栽した植物を優先的に残す管理を行ってきました。

- 調整池を題材とした卒業論文（和田、2003年）で、「人が穏やかに手を加えることによりよって、多様な生物が生息し、人間とうまく共存することを目指すべき」という提案がなされたのを契機に、第一調整池のビオトープとしての管理が始まります。それまでとは異なり、計画的に植栽した植物だけでなく、自然に入り込んできた植物も残すことにしました。その結果、多くの生物が育まれるとともに、優れた景観も創り出されることになりました。

第1調整池全景

■ 整備効果・展開の仕方など

- 周囲の植生が豊かになるとともに、カワセミなど38種の野鳥の飛来が確認されるようになりました。うち8種が「いわてレッドデータブック」に掲載されている貴重種であり、野鳥にとって重要な水域となっています。

- 水源は学内の排水処理水であることから、富栄養化の傾向が見られるものの、魚類はモツゴとギンブナの繁殖が確認されています。今後、井戸水の導水などによって水質を改善するとともに、目標とする景観に向けた管理を行っていきます。

第1調整池に飛来する野鳥たち（撮影：上川仁）

カワセミ（ホバリングから捕食へ）
ヨシゴイ
バン

● case 2 **古鷹山ビオトープ**
ふるたかやま

- 事業主体　広島県 江田島町
- 事業場所　広島県江田島市江田島町切串
- 規模　　　1,217㎡
- 完成年月　2004年12月

切串地区住民からの要望を受け、放置され荒れていた湿地帯を整備し、多くの町民が自然にふれあい、親しむことのできる湿地ビオトープの整備を目指しました。
整備前に生息していた生き物が新しい湿地ビオトープでも生息できるように配慮をするとともに、トンボの生育・保存を目指した整備を行いました。

■ 整備方針・配慮のポイント

- できるだけ現在の自然を活かしたビオトープをつくるという方針により、川から水を導き、またその水は最終的に川へ戻すことにしました。
- この湿地には広島県の貴重な生き物とされているベニイトトンボやコオイムシなどが生息しており、ビオトープ整備後もこれらの生物が生息できるように配慮しました。
- 下流には、この川の水を利用した水田や畑があることにも配慮しました。

完成直後のビオトープ

現在のビオトープ

トンボやメダカなどの観察会を開催

■ 整備効果・展開の仕方など

- 多種多様な生き物が見られるようになりました。
- この湿地はNPO法人日本ビオトープ協会が継続的に維持管理とモニタリングを実施し、生き物(植物、昆虫、魚類)の変遷を記録として残しています(以下の表参照)。

	エリア A	エリア B	エリア C	エリア D
形 状	・面積が最小 ・周囲に樹木があり水面に木陰が形成 ・水深10cm程度 など	・日陰の存在がない ・中央に深み (水深50～100cm) ・水底は転圧され固い など	・ポートウォークによる日陰の存在がある ・流入口のため上流からの影響を受けやすい ・水底はぬかるんでいる など	・放棄水田(荒れ地) ・水の流入なし ・エリア南側は竹林 など
2006～2007年に確認できた生物	アオサギ アメンボ トンボ コオイムシ カエル　など	アメリカセンダングサ セイタカアワダチソウ セキショウ ミツハギ カサスゲ ガマ　など	コガモ アオサギ ベニイトトンボ コオイムシ カエル　など	アカウキクサ アメリカセンダングサ セキショウ ホテイアオイ カサスゲ ミツハギ　など	カワセミ キジ コオイムシ メダカ カエル　など	アメリカセンダングサ キシュウスズメノヒエ ミツハギ コブナグサ カサスゲ チガヤ　など	ヒヨドリ キチョウ ミヤマアカネ コオロギ　など	セイタカアワダチソウ ハチク チガヤ ヒメジョオン ヤマグワ ヨモギ イタドリ　など
維持管理の方法	放　置 (自然遷移)	除草・補植	除草・補植 泥上げ・間引き	放　置 (自然遷移)

池・湿地

池や湿地のビオトープをつくる

case 3　里山くらし体験館 すげの里

- **事業主体**　愛知県 豊田市足助支所
- **事業場所**　愛知県豊田市新盛町地内
- **規模**　　　全体造成面積 約2,200㎡
　　　　　　　　ビオトープ面積 約320㎡
- **完成年月**　2011年3月

都市と農山村の交流を通した中山間地域の活性化を目的として「里山くらし体験館　すげの里」が整備されました。施設では農業体験や宿泊体験などの交流イベントや講座、研修などが行われています。ビオトープは周囲の自然や景観と調和し、訪れた人たちが多くの動植物とふれあう場としてつくられました。

■ 整備方針・配慮のポイント

- 山間の谷部に位置し、湧水が豊富であるため、この水をビオトープに取り込み、池・湿地を造成しました。
- 降雨時にはかなりの流量の雨水が流れ込むため、湧水を引き込む小川も整備しました。
- 植物は地元周辺から採取し、周辺環境と調和するように配慮しました。

■ 整備効果・展開の仕方など

- 都市住民と農山村住民が里山再生にともに取り組む場を提供し、中山間地域への定住を進めることにより、荒れた山に再び人の手を入れ、美しい里山景観や、活気ある伝統的な里山生活の再生を目指しています。
- 交流・体験イベントは、「新盛里山耕実行委員会」という地元住民団体によって行われています。地元の方々が講師となって、生きた里山の知恵を伝えています。

着工前

完成直後

1年後の池・湿地には多様な植物が育っている

ビオトープ完成1年後の全景

case 4 宮原ホタルの里

- 事業主体　宮原地区まちづくり推進委員会
- 事業場所　広島県呉市神原町23番36号
- 規模　約1,000㎡
- 完成年月　2013年3月

宮原地区には、もともとはホタルが飛び交い、山紫陽花が咲き誇り、地域住民の憩いの場となっていた庭園がありましたが、荒れ放題の状態となっていました。地域住民から再生を希望する声があがり、再整備をすることとなりました。再整備にあたっては「緑の環境デザイン賞」（都市緑化機構他主催）の緑化大賞の助成金を活用しました。

■ 整備方針・配慮のポイント

- うっそうとした樹木を、モミジを中心に残して伐採し、日が差し込む明るい園地としました。その結果、水辺に植えたセキショウ、ハナショウブ、アジサイやカワニナのエサとなる藻が育つような日照が確保されました。
- 伐採した材は、太い枝を積み重ねた生物の棲み家や落ち葉を貯めるヤード枠やベンチの制作などに利用しました。
- 残されていた東屋や橋、景石等は再利用しました。既存の地形を活かし、安全に観察・利用できるような配置としました。
- 詰まっていた配管を補修し、豊富な綺麗な水を取り入れられるようにしました。また、ゲンジボタルが生息できる水深と流速を確保するために、バルブで水量を調整できるようにしました。
- 学習の場として利用できるように掲示板を設置しました。

■ 整備効果・展開の仕方など

- 定期的なアジサイの剪定や除草、清掃などの管理は、宮原地区まちづくり推進委員会を中心に、呉市役所、地元小中学校、宮原地区自治連合会と協働して行っています。また、近隣有志の方にも清掃や見回りなどをしてもらっており、生きがいづくりの場ともなっています。
- 小中学校の総合的な学習の時間の授業で観察会が行われるなど、環境学習の場としても活用されています。
- 住民の手で育てたホタルの幼虫を放流し、地域ぐるみでホタル祭りを行ったり、アジサイの鑑賞会を開催したりするなど、地域の連帯感を深めることにも役立っています。

池・湿地

アジサイの植付けの協働作業

完成式で行われたホタルとメダカの放流会

夜はホタル、昼はアジサイ観賞会を同時開催

アジサイの剪定の協働作業

池や湿地のビオトープをつくる

case 5 ひたちなか市常葉台

- **事業主体** ひたちなか市常葉台自治会
- **事業場所** 茨城県ひたちなか市常葉台
- **規模**
- **完成年月** 2006年

常葉台団地に隣接して、長期休耕していた放置農地があり、地域住民の散策路になっていましたが、防犯上の観点から当該地の伐採整備を実施するように依頼されました。その際、当該地の環境がとても豊かであったことから、周辺の休耕地をビオトープとして整備することを住民に提案し、実施しました。

整備方針・配慮のポイント

- 散策路の確保、危険木の伐採や伐根、整地を行うとともに、周辺環境の調査結果を踏まえ、指標種をホタルに設定して、ビオトープを創出しました。
- 休耕田の土壌状況を調査し、窒素消化のために水稲作が実施できるよう湿地を整備したほか、生物多様性の充実を図るために小川の造成も行いました。

整備効果・展開の仕方など

- 初年度のホタル放流から10年が経過していますが、その後はホタルが自然に繁殖し、個体数が維持されています。
- 毎年、経過観察を行いながら、勉強会やホタル観賞会を実施しています。自然環境を大切にする取組みに対して地域住民の大きな理解と協力を得ており、地域に根づいたビオトープとなっています。

完成直後のビオトープ ▼

湿地にはイネが植えられ、子どもたちの勉強会の場になっている

湿地の生物を観察する子どもたち

粗朶柵で護岸を行っている

池・湿地

ポイント① 散策路は
生物が移動しやすくする

広場の歩道をコンクリートなど硬い構造物にすると、生物の移動経路を遮断してしまいます。土のままか、バーク（樹皮）などを敷きつめて、生物が移動したり、生息したりできるよう配慮しましょう。

ポイント② 石積みをつくる

小動物や爬虫類、昆虫などの隠れ家となる石積みをつくりましょう。

ポイント③ 枯れ木や落ち葉が
たまる場所をつくる

枯れ木や落ち葉がたまる場所は、昆虫が産卵し孵化する場所となります。子どもたちの虫捕りが楽しみな場所になるでしょう。

生態系を支える生物たちの生息空間

ビオトープというと池や森を思い起こしがちですが、乾燥地のビオトープにも様々な昆虫が集まり、安心して子どもたちを遊ばせることができる場所になります。
乾燥地は周囲の水辺や森林などとのネットワークによって地域の生態系の重要な一部となり、土壌を涵養し、昆虫や小動物の生息地となるのです。

自然環境に応じたビオトープ

乾燥池の ビオトープをつくる

ポイント④ 日陰をつくる
昆虫には日陰も必要です。適度に灌木などを植えて、日陰をつくりましょう。

ポイント⑤ 地域の草花を自生させる
草地には色々な昆虫が集まってきます。芝生は園芸種のためできるだけ使用せず、地域の草花などを自生させ、草の高さにも変化をつけましょう。

乾燥地のビオトープをつくる

◆空間の多様性をつくり出し、多種多様な生物を呼び込む

　乾地・草地のビオトープは「小さな生き物たちの天国」です。多種多様な生物を多く呼び込むことができるように、様々な工夫を凝らしましょう。

　土壌が良くなることで草地が充実します。そこには多くの生物が生息し活動しますが、生息環境がそれぞれ違います。様々な環境をつくり出すことが重要です。

草丈の長い所で生活する生物もいれば、低い所で生活する生物もいます。また、昆虫や小動物は草が茂っている所に隠れながら移動をします。草刈機で一定の草丈で刈るのではなく、生物の目線になって草を刈ることが重要です。

　遊歩道は堅い構造物で直線的につくるのではなく、自然景観に違和感のないように、自然な素材によって地形に合わせた形態につくりましょう。

地形の起伏に合わせた歩道（スイス）

草を刈り込みすぎないすそ刈り（スイス）

堅い構造物を使用した場合は境界線を多様化（スイス）

生物が移動しやすいチップロード（豊田市・児ノ口公園）

＜生態系のしくみ＞

生態系ピラミッド

地球上で確認されている生物は約175万種。そのほか、未確認だが8000万種が存在している可能性がある。
日本の自然状態での表土の厚さは30～50cm、農地では平均18cm。現在の表土ができるまでに早くて3000年、長くて2万年かかっている。この30cmの表土が日本にいるすべての生き物を支えている。

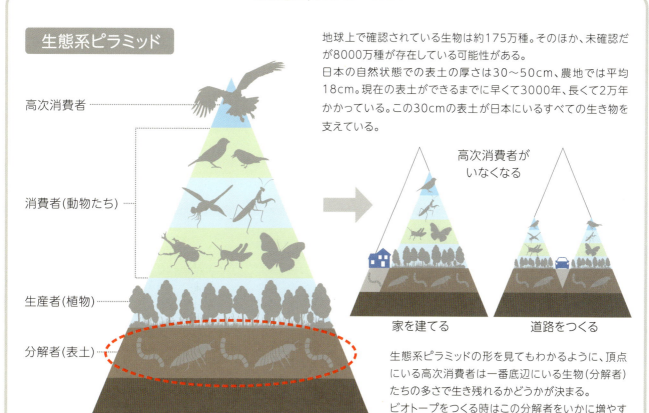

生態系ピラミッドの形を見てもわかるように、頂点にいる高次消費者は一番底辺にいる生物(分解者)たちの多さで生き残れるかどうかが決まる。
ビオトープをつくる時はこの分解者をいかに増やすかの工夫次第でビオトープの質が決まってくる。

一番底辺の生物たちが重要!!

食物連鎖

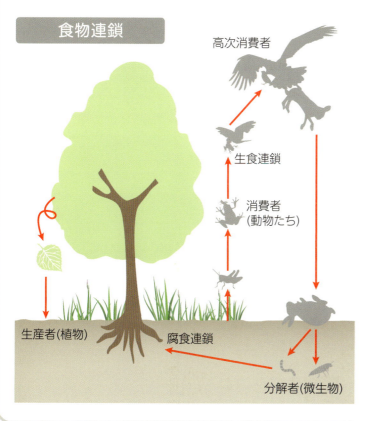

腐食連鎖：木や草は土壌の養分で成長する。木の葉が地表に落ちたり枯れたりして朽ちたものを分解者が無機物に分解し、養分に富んだより良い土壌をつくる。

生食連鎖：木や草原に生息する昆虫をカエルが食べ、カエルを小鳥が食べ、小鳥を鷹(高次消費者)が食べる。こうした消費者たちの排せつ物や遺体など地表に落ちた有機物を分解者が無機物に分解し、土壌をつくる。

分解者によりつくられた良い土壌には草木が多く生長し、生長した草木には多くの昆虫や小動物が生息する。昆虫や小動物が増えると、高次消費者も多く生息できるようになる。
こうした生態系の食物連鎖を支えているのが一番底辺にいる生物たちである。

乾燥地

乾燥地のビオトープをつくる

●case 1 豊田市立浄水（じょうすい）小学校

- **事業主体**　浄水小学校PTA
- **事業場所**　愛知県豊田市浄水町
- **規模**　800㎡
- **完成年月**　2010年6月

浄水小学校グラウンドの整備によって失われる自然を残したいとの地域からの要望を受け、グラウンドの一角に里山体験などができるビオトープを計画し、整備しました。

■ 整備方針・配慮のポイント

- 水源の確保が困難であったため、乾燥地のビオトープを主とした里山風景を創出できるように計画しました。
- 散策路の整備や植栽は、児童や保護者とともに実施しました。
- コナラ・クヌギを中心とした森のビオトープの林縁には、地元で採取したススキやチガヤなどの草花を植栽した草地のビオトープを配置し、その一角にはチョウが好む植生を施したチョウのビオトープをつくりました。
- 果樹も植え、秋に収穫を体験できる学校農園を配置しました。
- ビオトープ完成後には、その利活用についての説明会を学校全体で行いました。

着工前

生徒・父兄参加作業

ビオトープ勉強会

施工後

■ 整備効果・展開の仕方など

- 完成後すぐにチョウやトンボが飛来し、コオロギやトカゲなども見受けられました。
- 休憩時間には、子どもたちが虫かごを持ってビオトープで遊ぶ姿が見られます。
- クラブ活動で看板づくりを行ったり、草取り等の管理を行ったりしています。今後は、管理の仕方や運用に関するルールをつくり、学校全体の取組みとして全児童が参加するような体制をつくることが求められます。大切なことは上級生が下級生に教えることによってビオトープの維持・管理が継続されていくことです。

3年後のビオトープ全景

ビオトープの完成が始まり
ビオトープ工事では施工が終わった時点で完了ではなく、完成で始まりです。これから自然が自らの力でビオトープを創り上げていきます。

ビオトープ全体に起伏を付ける
運動場の平らな所につくったため、盛土を行いビオトープ全体に起伏を付けました。また、水の流れに注意し流れた水がどのようにどこに流れるかを考えました。

乾燥時 ▼

降雨時に園路に降った雨水が捌けなかったときに天水池に流れ込むように配慮しました。

天水池(雨が降った時に溜まる池)をつくる
アメンボ、トンボ、鳥などの休息の場、水飲み場となります。

降雨時は水がたまる

乾燥地

チップ材を敷きつめた遊歩道(チップロード)

生態系を遮断しない
堅い構造物を使用するのではなく、自然の材料を使い生物の往来ができるようにしました。
チップロードは伐採材や剪定枝をチップにした生物、人にやさしい道です。チップ材は月日が経つと下の方から腐ってきます。そこにはたくさんの微生物や昆虫が生息するようになります。
また、丸太縁止も同様に微生物や昆虫の棲み家となります(減ったり腐ったりしたら補充します)。

チップロードは丸太で縁止め

67

ポイント①　地域の草花などを自生させる

草地にはいろいろな昆虫が集まってきます。園芸種はできるだけ使用せず、地域の草花などが自生できるようにしましょう。また、草の高さに変化をつけましょう。

ポイント②　排水を確保する

地形に起伏をつけ、起伏を利用した排水路をつくることにより、大雨などで水が溜まらないよう配慮しましょう。

ポイント③　持ち出さず、持ち込まない場所の記憶を残す

その場所にもともとあった構築物などは持ち出さず、ビオトープの一部として活用しましょう。コンクリートの塊りでも上手に積めば生物の生息環境が生まれます。その場所のかつての姿を残すことで、愛着が生まれます。

🍃 用途に応じたビオトープ

公園ビオトープをつくる

公園のビオトープは都市の豊かな景観と自然をつくり、安らぎとリフレッシュの場所となり、世代を超えて人々が集まりつながりを楽しみ、地域のコミュニティを育んでくれる場所ともなります。
遊具には興味を示さなくなった子どもたちも、自然の中で遊びを見つけ、集まってきます。公園ビオトープは、身近な自然とのふれあいという新たな価値を都市生活に付け加えます。

ポイント④　身近な自然を回復する

地形に起伏をつけ、木陰や草地、水辺、散策路をつくり、ベンチを置けば、家族の遊び場やお年寄りの散歩道、働く人々の休息の場となり、様々な世代の人々が憩うことができます。

公園ビオトープをつくる

◆ビオトープづくりに生物の目線を入れる

　通常、公園を造成する場合には通路などの境界をブロックで仕切り、U型側溝や塩ビ管を使用して雨水を排水します。これは人間の目線から見た環境づくりです。

　一方、ビオトープを造成する場合には自然素材を活用して水路や園路をつくります。自然素材を使用することで、それらの場所が昆虫や爬虫類などの棲み家や休憩場所にもなります。これは生物の目線で見た環境づくりといえるでしょう。

- **造成・造景（地形）**
地形に起伏を付けることにより、環境に温度や明るさ、湿乾の変化をつくります。
また、風の流れにも変化が生まれ、心地の良い空間ができあがります。

- **貴重生物**
貴重植物は造成工事にかかる前に調査し、適切な場所へ移植します。
貴重動物は計画地内の池などに生息する生物を捕獲・保護して、ビオトープが完成後に解放するようにします。

スイスのチューリッヒ湖畔の公園

地表に起伏がつくられているため、視覚的に居心地の良さを感じる

スイスのトリュンメル川周辺の公園

緩やかにマウンドアップする堤防天端（遊歩道部分）
心地よい空間の中にある、洪水を一時的に防御する遊水地

堤防天端（遊歩道）が緩やかに下がり、
洪水の排水箇所（越流堤）が設けられている

◆現場から持ち出さない、持ち込まない

造成時に現場から出た石や伐採材は現場内で活用しましょう。

自然素材に限らずコンクリートガラなどについても使い方を工夫すれば使用可能です。たとえば長期に野ざらしにしてコンクリートのアクを抜いた後に護岸材料として使用することも考えられます。

木や石を利用した水路の例

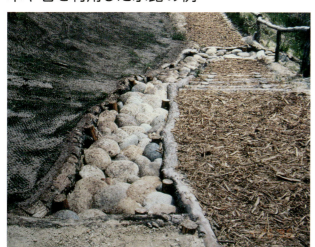

伐採した木を利用した四阿の例

四阿(あずまや)の下は様々な大きさの石を敷き、乾地のビオトープをつくりましょう。
そこが爬虫類や小動物の棲み家となります。

天然木を使用した四阿はやがて朽ちて生物の棲み家になります。壊れたらすぐ建て直すのではなく、その場の自然の状況を見ながら活用を決めていきましょう。

朽ちる前

朽ちた後

公園ビオトープをつくる

●case 1 国営備北丘陵公園

- 事業主体　国土交通省(中国地方整備局)
　　　　　国営備北丘陵公園事務所
- 事業場所　広島県庄原市三日市町20-13
- 規模　　　総面積 1,120㎡
- 完成年月　2003年3月

国営備北丘陵公園は中国地方のほぼ中心に位置する広島県庄原市の、森と湖の囲まれた緑豊かな自然の中にあります。「ふるさと・遊び」をテーマとして整備された中国地方唯一の国営公園です。

■ 整備方針・配慮のポイント

- ビオトープは総合学習のテーマの一つとして、子どもたちを心豊かに成長させてくれます。また、国営公園にとってもそのフィールドを総合学習に活用してもらうことが有意義であると考え、10年計画を立案、実行しました。

- 「ビオトープは何のために、誰のために、どのようにつくるのか?」を小学生自身で考え、それに専門家がアドバイスして立案・計画しました。小学生からは、大きな池や大きな川、橋があり、生き物であふれるビオトープが提案されました。それを受けて専門家からは、生息する生き物が自然に育つ環境にしていくための方法について、小学生が自ら調べ学んでいくことに重点に置くことが提案され、実行に移しました。

- ビオトープ観察会(年3回)は2018年現在で13年間継続中です。

■ 整備効果・展開の仕方など

- 2004年度から、子どもたちによるビオトープ観察会(年3回)を毎年開催しており、先生が教えるのではなく、子どもたち自身が「なぜ?」「どうして?」と考えたり、調べたりするように促しながら進めています。

- 観察会の成果を発表する発表会も毎年行っており、子どもたちの学習成果が挙がっています。

ビオトープ制作中

完成直後

ビオトープ観察会では子どもたち自らで学ぶ

緑が繁る完成後のビオトープ全景

●case 2 深田公園

- **事業主体** 愛知県 豊田市
- **事業場所** 愛知県豊田市深田町
- **規模** 湿地 約260㎡
- **完成年月** 2001年3月

深田公園は自然の森林が多く残った公園で、2000年度に再整備されました。
再整備にあたっては、残っている森林や起伏のある地形を利用して遊歩道がつくられました。遊歩道の近くに湧水が見つかったため、湿地を造成して桟橋も設置し、湿地内の動植物を観察できるようにしました。

■ 整備方針・配慮のポイント

- 湿地の造成にあたっては、田土を使用して水深を5〜15cm程度とし、浅瀬と深みをつくり、生物の隠れ家や産卵場所となる石組を設置しました。
- 植物の植栽はせず、自然に植生が回復するのを待ちました。

■ 整備効果・展開の仕方など

- 散歩をする人も多く、デッキの上で立ち止まって水面を見たりしています。夕方になると、学校が終わった小学生たちがデッキの上で湿地を覗き込んだり、タモ網で魚を捕まえたりする姿が見受けられます。
- 外来種であるアメリカザリガニが繁殖しています。今後、外来種の駆除などの対策が必要です。

完成直後の湿地

完成直後の湿地全景

1年後の湿地にはたくさんの水生植物が生育

13年後には周囲の樹木も含めて本来の植生が回復

公園ビオトープをつくる

case 3 児ノ口公園
ちごのくち

- 事業主体　愛知県 豊田市
- 事業場所　愛知県豊田市久保町
- 規模　　　約19,000㎡
- 完成年月　1995年

児ノ口公園は豊田市の中心市街地にある自然公園です。「昔の風景の再現」を合言葉に、暗渠化されていた川を掘り起こし、木々を植えてでき上がりました。
園内には遊具や運動施設はなく、豊かな緑があふれ、美しい小川が流れています。園内は市民による活発なボランティア活動によって維持管理され、季節ごとに様々な催しが開催されています。

■ 整備方針・配慮のポイント

- 暗梁化されていた五六川を掘り起こし、その流路を蛇行させることにより、淵や瀬、止水域を形成したり、護岸を空石積みにしたりして、多様な生物が生息・産卵可能な環境を創出しました。

- 施工時には地域住民を対象に現場見学会を実施するなど、住民参加の手法を採りました。地域住民の昔の風景に関する話などを参考に、国道側には里山を造成し、市民の手により約8000本の植樹が行われ、湿地帯の整備エリアは地域住民の田んぼとして利用されることになりました。

- 公園内の園路は元々整備されていたわけではないため、ほとんど舗装されておらず、利用者が通りやすい場所が園路となっています。

■ 整備効果・展開の仕方など

- 公園内の日常的な管理は、地域の有志で構成された「児ノ口公園管理協会」が豊田市と維持管理の委託契約を結んで地域住民の幅広い参加によって実施しています。

- 児ノ口公園管理協会により、古代米づくりや餅つき、お祭り、ホタル狩りなど様々なイベントが実施され、世代を超えて交流するコミュニティ空間として機能しています。

- 2004年には、土木学会景観デザイン最優秀賞を受賞しました。

施工前の公園全景

施工15年後の公園全景

お祭りで交流する住民たち

多様な生物がよみがえった水辺で遊ぶ子どもたち

水の流れに任せた河道 ▼

石組みで護岸工事 ▼

23年が経って川の周辺は緑に包まれている

多孔質な空間が完成 ▼

園路脇に植樹された木々 ▼

川の途中に池が完成 ▼

23年経ち、苗木だった木は立派な森に成長した。地面からは幼木が育っている

護岸は丸太・栗石を使用してつくられ、流れが穏やかで魚の餌場、産卵場所となっている

公園

公園ビオトープをつくる

●case 4　インター須坂流通産業団地 緑地公園 井上ビオガーデン

- **事業主体**　須坂水の会
- **事業場所**　長野県須坂市井上
　　　　　　　インター須坂流通産業団地内
- **規模**　　　総面積 5,400㎡
- **完成年月**　2007年

須坂市が造成したインター須坂流通産業団地内に整備した緑地です。
団地造成前は扇状地末端の湧水・田園地帯で、ホタルや豊かな水生生物の生息地でした。
団地造成により失われたホタルや自然の再生のため、ビオトープの整備を行い、整備後は管理運営に取り組んでいます。

■ 整備方針・配慮のポイント

- 整備資金は寄付金や長野県からの支援金をあてました。
  整備にあたっては保育園児や小学生たちも参加しました。

- 次のような整備を行いました。
  英国風ガーデンの整備
  実のなる草木や香る花木、チョウの食草の植樹
  チョウ園の整備
  メダカが泳ぎ、ホタルが飛ぶビオトープの整備
  親子で遊べる広場の整備（モンゴルでの草原の砂漠化防止のための植林活動を伝えるゲル・パオの設置など）

■ 整備効果・展開の仕方など

- 子どもたちの遊びと学びの場や近隣住民・工業団地従業員の憩いの場になっています。

- 今後は、ウサギ・鳥などの小動物の小屋や淡水魚のミニ水族館の整備を行う予定です。

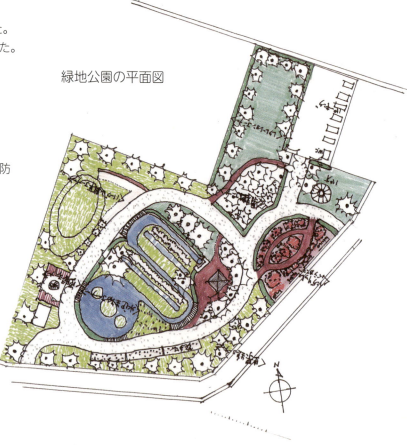

緑地公園の平面図

子どもたちの遊びと学びの場
となっている小川のビオトープ

●case 5　日野いずみの郷

- 事業主体　NPO法人すみれ
- 事業場所　長野県須坂市日野地区
- 規模　約1,000㎡
- 完成年月　2009年3月

この地域は昔より湧き水が多く湧き出る地域でした。この湧き水を活かして、ホタル公園整備を計画しました。
また、子どもたちに植物の育ちや収穫の感動を味わってもらうため、田園の中の荒廃農地を借用し、地域の自然環境を凝縮した農園を整備しました。農園には小川や池をつくり、かつて栽培されていたレンコン、水稲、大豆、里イモなどを植えています。

■ 整備方針・配慮のポイント

・都市公園（都市緑地）として、身近な自然と人とのふれあいを目指した自然再生事業を継続することとしました。自然豊かなビオトープとしての完成は十数年後と想定しています。

・「植樹協力ルール」を策定し、市民と行政との協働による苗木植樹を行いました。

・継続的な育樹活動によりビオトープ内に樹林帯（里山的環境）を整備しました。

■ 整備効果・展開の仕方など

・子どもたちをはじめとする住民の自然環境学習の場となっています。樹林帯などの自然観察が継続して行われています。また、地域行事等も開催されています。

いずみの郷の全景

公園内につくられた池に水生植物が豊かに育つ

住民による清掃活動も行われている

公園内の小さな田んぼに来たカルガモ

公園ビオトープをつくる

●case 6　山田川バイオガーデン

- **事業主体**　愛知県 豊田市
- **事業場所**　愛知県豊田市御船町
- **規模**　小川 約64m
　　　　池・湿地 約300㎡
- **完成年月**　1999年3月

山田川バイオガーデンは、多様な生物が生息する河川敷公園として整備されました。魚類では希少種であるドンコやタナゴをはじめ、オイカワ、ヨシノボリ、カワムツなど、鳥類ではキセキレイ、カシラダカ、ルリビタキ、シロサギなどを確認しています。また、山田川上流ではカワラハンノキの自生群が確認されています。

■ 整備方針・配慮のポイント

- 多様な生物が生息できる空間づくりとして、山田川から水を河川敷内に引き込んで小川を整備し、湿地やワンド、ウロを設け、多様なビオトープを創出しました。さらに瀬と淵を創出するのはもちろん、水流が早い部分と緩やかな部分ができるよう施工することで、水流によって自然に土砂が堆積し、水と陸地との境界や砂地と草地の境界が多様化するようにしました。
- 地域の人たちに安らぎを与える健康的な空間づくりに向けて、地元の子どもたち約50人によって記念植樹会を行い、自生種のポット苗木約300本が公園内に植えられました。

■ 整備効果・展開の仕方など

- 小川で子どもたちが川遊びをするなど、のどかで生き生きとした雰囲気の中で、愛称「みふねせせらぎ広場」の発表会や記念植樹会が行われ、地元の人たちによる水辺公園祭りが催されています。

完成直後 ▼

現在のバイオガーデン全景

多様な生物が生息できるように池・湿地も整備

山田川から水を引き込んで整備した小川

公園

ポイント①　地域とのコミュニケーションツールにする

定期的に地域の子どもたちや住民による観察会を行ったりすることで、地域社会とのスムーズなコミュニケーションがとれるようになります。

ポイント②　職場の環境改善につなげる

昼休みなどの休憩場所として、また従業員参加によるビオトープ管理を通した自然とのふれあいの場として、職場環境の改善に活用できます。社員食堂からノウサギの跳ねる光景が見られるようになった職場もあります。

ポイント③　失われた生態系を回復する

企業が立地する前にあった自然を敷地内に再現することで、周囲に残されている自然とのネットワークが生まれ、地域の生態系の回復に貢献できます。

ポイント④ 企業資産・資源を活用する

工場緑地内の植生を外来種や園芸種から地域の自生種に代えることで、もともとあった自然を回復しましょう。また、工場用水や雨水の有効利用を積極的に図っていきましょう。

用途に応じたビオトープ

企業ビオトープをつくる

生産性や効率を重視してつくられた工場などの敷地の一部にビオトープをつくり、自然を取り入れることで、職場環境は大きく向上されます。
また、企業の立地に伴って失われた生態系を回復して定期的にビオトープを開放したり、木陰や水辺の冷気によってヒートアイランド現象を緩和したりすることで、地域貢献や地域社会とのコミュニケーションを図ることができます。

企業ビオトープをつくる

◆水生生物が棲める水源を確保する

　池や小川といった水景施設をつくる際には水源の確保が大変重要となります。水源はランニングコストを抑えながらきれいな水を確保することが大切ですが、きれいな水でも魚のエサとなる微生物がいなくては水生生物が生きていけません。水源となる水は水質や成分を確認してから使用しましょう。

〈水源の確保と使用方法〉

> 放出 100%：一般排水として河川・側溝等に排水
> 循環 100%：循環ポンプを使用　流出口⇒流入口
> 放出・循環の混合：混合割合については協議が必要
> 　　　　　　　　（昼間放出・夜間循環または休日のみの循環など）

・川の水 ── → 放出 100%
　　　　　 → 放出・循環の混合

川の水（自然の水）はビオトープに最も適した水源です。
魚のエサになる植物・動物性プランクトンが豊富で、山の木々がつくり出した栄養分も雨水に溶け出して川に流れ込んでいます。
※川の水を引き込む場合は、水利権等の問題が発生しますので行政などとの協議が必要です。

・井戸水 ── → 放出 100%
　　　　　 → 循環 100%　　水位が下がった時に補給
　　　　　 → 放出・循環の混合

井戸水を使用する場合は井戸の掘削工事が必要です。掘削する深さは土地の状況によって変わるため、専門業者に依頼して水質調査も行ってください。
井戸水は水温が1年を通して一定で水質も安定していますが、中には鉄イオン（赤水）を含んだ水もあるので注意しましょう。また、溶存酸素が少ないため、滝や落差工を設置してエアレーションを起こして酸素の供給を行いましょう。
※井戸の掘削工事費、汲み上げ・循環ポンプの電気代がかかります。

・水道水 ── → 循環 100%　　水位が下がった時に補給

水道水を使用する場合は、魚のエサになるプランクトンが発生しやすいように池をつくることが重要です。
循環機能を持たせて池の放出水を循環ポンプで汲み上げて循環させ、池の水位が下がった時に給水するようにします。ただし、停電等でポンプが停止することがあるため、対策が必要となります。
また、水道水にはカルキなどの殺菌剤が含まれているため、カルキを抜く作業が必要になります。井戸水と同様にエアレーションを起こしてカルキを抜きましょう。
※水道使用料、循環ポンプの電気代がかかります。

・工業用水 ── → 放出 100%
　　　　　　 → 循環 100%　　水位が下がった時に補給
　　　　　　 → 放出・循環の混合

工場用水は企業のビオトープをつくるのに最も適した水源です。工場内で使用した水をきれいに処理してビオトープに流すことで、安全な水だ示すことができます。ただし、工場から出た時の水温が高い場合があるため注意が必要となります。
※汲み上げ・循環ポンプの電気代がかかります。

・雨水 ── → 循環 100%　　水位が下がった時に補給（貯水に制限あり）

雨水を利用する場合は、降った雨を雨水タンクに溜めて使用します。
主に自然流下かポンプでの汲み上げとなりますが、貯水量に制限があるため渇水しないように注意が必要です。渇水時を考慮したビオトープづくりを行いましょう。
※汲み上げ・循環ポンプの電気代がかかります。

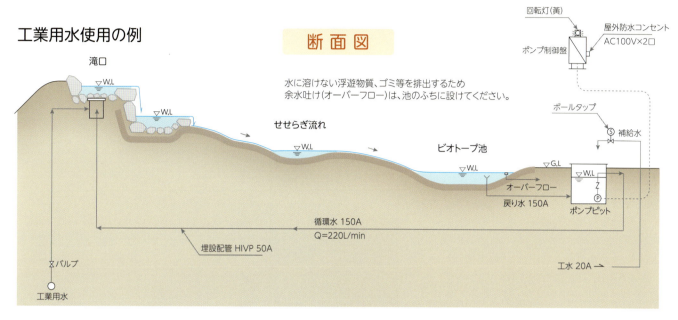

水量の目安

2インチ水中ポンプ
100V　0.48kw
100ℓ/分（延長・高低差により変わります）

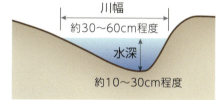

◆河床や湿地の池底に多様性をもたせる

・河床

「川は蛇行させ、川幅は一定にしないこと」が基本ですが、これだけでは不十分です。
河床に多様性を持たせることが重要です。河床に使用する石の大きさや砂の量を変えることで、川の流れによって自然に河床に起伏ができていきます。
様々な大きさの石を置くだけで、流れが速い所は掘れて深みができ、流れが緩い所は砂が溜まって浅瀬ができます。
また、川の中に置いた石は水生生物たちの隠れ家、棲み家にもなります。

・湿地の池底

湿地の水深は0～10cm程度で多様な池底をつくりましょう。
湿地は植物や水、土壌および微生物・細菌によって構成され、それぞれが水質浄化を行います。池底に起伏を付けることで多様な微生物が生息できるようになります。
また、湿地にも流れが必要です。水深が浅いため、日の光が池底まで届き、水生生物となるプランクトンが繁殖します。
特に湿地は水が腐食しやすいため、少量の流れを付けて水を循環させるとよいでしょう。

企業ビオトープをつくる

●case 1 エスペック株式会社　神戸R&Dセンター

- **事業主体**　エスペック株式会社
- **事業場所**　兵庫県神戸市北区鹿の子台南町5-2-5
- **規模**　5,300㎡
- **完成年月**　2004年7月

神戸市北区鹿の子台は、ニュータウン「神戸リサーチパーク」として開発されましたが、当初、そこには樹木が一本も見受けられませんでした。
同地に事業所を構える神戸R&Dセンターでは、「森の中のぬくもりある心地よい事業所」を目指し、森や水辺の整備をしてきました。

■ 整備方針・配慮のポイント

- 整備方針は在来種による森づくりと水辺づくりです。法面約1haに地域の潜在自然植生にもとづく樹木を植えて森をつくりました。その森につつまれた緑地5,300㎡に果樹園、草地、水辺を整備し、在来種を植えてビオトープをつくりました。地域の多様な自然の再生を目指すとともに、社員や地域住民が自然とふれあい、環境について学ぶフィールドとして位置付けています。

- ビオトープは、「共生ゾーン」「ビオトープゾーン」「せせらぎゾーン」に区分しています。
  【共生ゾーン】
  人と自然が共存する空間です。果樹園では梅や桃など果実の収穫を楽しめるようにしています。また池の水深を浅くして、人がメダカやドジョウとふれあえるようにしています。
  【ビオトープゾーン】
  動物が過ごしやすく配慮した空間です。池を囲むように、ヨシなど背の高い植物を配して、人の目を遮へいしています。また、動物の食物となるヤマモモやクリが植えられています。
  【せせらぎゾーン】
  二つのゾーンを繋ぐ役目を果たしています。

■ 整備効果・展開の仕方など

- 水辺にはヨシやアサザなどの水生植物が生育し、良好な景観を形成しています。トンボは10種以上、鳥類は30種以上が観察され、2018年5月にはカルガモの雛が11羽無事に孵化し巣立ちました。

- 事業所従業員による「ビオトープ委員会」において、いきもの観察や維持管理（除草、刈り取りなど）を継続しており、ブログにより活動を情報発信しています。

- 「森づくりのリーダー養成セミナー」を開催して、学生や企業担当者など一般の方にも開放し、森づくりや事業所の生物多様性向上の取組みを広げる活動を推進しています。

ビオトープの全景

ビオトープの訪問者たち（左：タイリクアカネ／右：カルガモ）

子どもたちへの環境教育にも取り組む

●case 2　イオンモール株式会社　イオンモール草津

- 事業主体　イオンモール株式会社
　　　　　　イオンモール草津
- 事業場所　滋賀県草津市新浜町300
- 規模　　　33,085㎡
- 完成年月　2008年11月

イオンモール草津では、自然にとけこんだ「エコショッピングモール」を目指して、敷地内に様々な緑地を創出しています。
モール建設前に環境調査を実施し、自然植生を確認しました。その結果を踏まえ、潜在自然植生を再生すべく「樹木の再生」と「草地の再生」とに分けて整備を進めています。

■ 整備方針・配慮のポイント

4つのゾーンを設定し、それぞれ潜在自然植生を創出すべく、目標とする群落を設定して植栽等を行っています。

【イオンの森ゾーン】
- 事前調査により地域に最も適した植栽種を選定し、樹種の構成割合を決定。これに基づき植栽をしました。

【落葉樹林・里地水田ゾーン】
- 事前調査により確認した建設地周辺の落葉樹林は、河畔や泥炭湿地に成立する群落でしたが、建設地では湿潤状態を維持できないため、目標群落を付近に見られるアベマキーコナラ群集、ムクノキーエノキ群集に設定しました。
- 里地水田では、建設予定地で確認されたミズタカモジ（希少種）を保全・復元するため、ミズタカモジ生育表土を一時的に保管、養生し、工事完了後に水田周囲に移植しています。

【湖畔ビオトープゾーン】
- 建設地には昔ながらの豊かな水辺環境が多く残されており、その原風景を再現するためチゴザサーアゼスゲ群集にカキツバタ亜群集を分布させています。
- 植栽には地域性に配慮し、滋賀県産の苗を採用しています。

【里地草原ゾーン（屋上緑化）】
- 建設に先立って確認されたチガヤ群落を一時的に保管し、建設後、それらを用いて製品化した苗を植栽しました。
- 琵琶湖岸に生育するハマヒルガオを混植することで湖岸の砂浜を再現しています。

■ 整備効果・展開の仕方など

- 植樹祭や田植えイベントを行い、地元住民や子どもたちへの環境教育に貢献しています。
- 里地水田では、建設後、毎年ミズタカモジの生育を確認しており、希少種の保全にもつながっています。
- 緑地は定期的に全体の点検を行い、問題の早期発見・対策が講じられる体制をとっています。あわせて、シルバー人材によってこまめに除草を行うことで、本来の植生を維持できています。
- 今後も丁寧な管理を行い、現状を保持するとともに、イベント等を開催し、地域住民とのふれあいを通じた社会貢献を目指します。

イオンの森ゾーン

落葉樹林・里地水田ゾーン

湖畔ビオトープゾーン

里地草原ゾーン（屋上緑化）

JA草津市の協力で稲作体験（左：田植え／右：稲刈り）

企業ビオトープをつくる

●case 3　オムロン株式会社　野洲(やす)事業所

- **事業主体**　オムロン株式会社　野洲事業所
- **事業場所**　滋賀県野洲市三宅686-1
- **規模**　約100㎡
- **完成年月**　2010年11月

工場敷地内には、もともと細い排水路と芝生の草地で形成された小さな緑地がありました。その緑地を生物多様性と地域生態系の保全に活用するため、掘削・造成により地域の自然を再現した水辺空間を創出し、水生生物や植物の保全活動を開始しました。
特に、琵琶湖博物館や地元の環境保護団体が取り組んでいる、絶滅危惧種の魚「イチモンジタナゴ」の保護増殖に貢献するフィールドとして活用することが主要な目的となっています。

■ 整備方針・配慮のポイント

- 2011年4月にイチモンジタナゴの生息環境となる「ぼてじゃこの池」を整備。魚類の専門家の助言に基づいて設計し、深場や浅場、湾曲した護岸などイチモンジタナゴの繁殖や生息に必要な条件を取り入れました。

- 2018年3月には新たな水辺として創出した「野洲まる池」では、深場や浅場、緩やかな傾斜、二枚貝の潜りやすい底砂など、イチモンジタナゴだけでなく二枚貝の生息環境にも必要な環境を整備しました。

- 池の岸部には主に滋賀県産のアゼスゲやカキツバタを植栽し、郷土の風景としてアゼスゲ湿地を再現しました。

- ビオトープの一部には、イチモンジタナゴと二枚貝の生息や繁殖に必要な条件を検討するための実験設備を整備して、ここで得られた知見を池へ随時反映させる体制を整えました。

- 水路部分についても様々な水生生物の良好な生息環境となるように、両岸を不規則に湾曲させて多様な水路幅を設け、流れの緩やかな部分や急な部分を創出しました。

- 水路の中には生物が隠れ家として利用できるように、大小の石や筒管を置きました。

■ 整備効果・展開の仕方など

- 「ぼてじゃこの池」整備後、最初の春にイチモンジタナゴを放流したところ、産卵・孵化に成功しました。また、「野洲まる池」ではビオトープで生まれたイチモンジタナゴを放流し、翌年には繁殖に成功しています。今後も琵琶湖博物館や地元の専門家と連携し、イチモンジタナゴと二枚貝の良好な生息環境となることを目指します。

- 植物の維持管理は、専門家の指導のもとに従業員が主体となって行っています。刈り取り作業や外来種の抜き取り作業によって、在来植物で形成された良好な湿地植生が維持されています。

- 今後は地元の子どもたちを対象とした自然観察会や生態系調査、外部への発信等、ビオトープの活用と発展を目指していきます。

整備前は排水路と芝生の草地

整備後は地域の自然を再生した水辺空間に

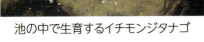

池の中で生育するイチモンジタナゴ

社員が維持管理作業を行う

●case 4　いわてクリーンセンター

- **事業主体**　一般財団法人クリーンいわて事業団
- **事業場所**　岩手県奥州市江刺区岩谷堂字大沢田113
- **規模**　約5,000㎡
- **完成年月**　2005年10月

いわてクリーンセンターの埋立処分場の拡張に伴い、防災調整池のしゅんせつ工事が計画されました。拡張の環境影響評価において、防災調整池の上流にはミツガシワが、防災調整池内にはヒメビシ、ナガエミクリ、イトモなどの貴重な水生植物が確認され、それらの植物への工事の影響が懸念されました。
そこで防災調整池の下流にあった公園を再整備して、2つの池とそれを繋ぐ水路から構成された水辺ビオトープをつくり、貴重な水生植物を移植することで工事の影響を緩和しました。

■ 整備方針・配慮のポイント

- ヒメビシやイトモは止水の池部に移植しましたが、周辺からヨシ等が広がって池全面がおおわれる可能性があることから、池の中心部は深くし、その侵入を防ぐこととしました。
- ナガエミクリはある程度の水流が必要なため、水路に移植し、ミツガシワも水路周辺に移植しました。

■ 整備効果・展開の仕方など

- モニタリング調査結果によると、移植した希少種は順調に成長していました。一部ヒメビシやミツガシワが増えすぎたことで、イトモやナガエミクリの生育が悪くなったこともありましたが、その都度適切な維持管理を行うことにより、順調な生育が確認されるようになりました。
- 長期的には、周辺地域から野生生物がやってくることを期待して、水辺の半分は手を加えない自然区域としています。
- 防災調整池に生育していたヒメビシをいったん別の場所に移して保存し、しゅんせつ工事の後で再び元の池に移植しました。
- 夏休みには地域の子どもたちや自治会の人たちに参加してもらって、自然観察会等のイベントも開催しています。「人間と環境との関わり」を学び、環境についての理解と関心を高める場としても有効に活用されています。

ビオトープ池にはヒメビシとイトモを移植

ミツガシワ

ナガエミクリ

池の維持管理作業でヨシの広がりを抑える

企業ビオトープをつくる

case 5　ヤンマー株式会社　ヤンマーミュージアム 屋根の上のビオトープ

- 事業主体　ヤンマー株式会社
- 事業場所　滋賀県長浜市三和町6-50
- 規模　　　約1,000㎡
- 完成年月　2013年3月

ヤンマーグループでは「大地」「海」「都市」それぞれのフィールドにおいて多彩なソリューションを提供し、私たちの目指す新しい豊かさを創り出しています。
100周年事業の一環として創業者の想いを現代に伝えるとともに、体験学習・環境学習の場を提供できるようにヤンマーミュージアムを設立しました。
2階テラスでは「屋根の上のビオトープ」を整備し、地域らしい植生を再現しています。トンボ類をはじめ、ミナミメダカ、ドジョウなど地域の生物を育む場とし、子どもたちの学習フィールドとして活用することを目的としています。

■ 整備方針・配慮のポイント

- ビオトープでは琵琶湖周辺のトンボ類などを中心とした在来生物が生息する、湖北地域の自然を再現しました。多様な動植物とふれあうことができるよう、池・湿地・草地といった様々な環境をつくり出しています。

- 池には在来種の水草を導入することで夏場の水温上昇を防ぎ、また水生昆虫や魚類の隠れ家・産卵場所となる空間を創出しています。

- 水辺からのエコトーン(推移帯)には、ヨシやアゼスゲ、カサスゲ、マコモなど地域産の水生植物を用いました。ミソハギやシロネ、オモダカ、セリ、ショウブなどを適所に配置することで、葉の形状・香り・花の色などを楽しめる空間となっています。

- 草地にはチガヤをはじめ、チガヤ草地に混生する在来種のヤブカンゾウやツリガネニンジン、ナガボノワレモコウなども植栽し、昔ながらの里地空間を創出しました。春になびく白い穂、夏の鮮やかな緑、秋の紅葉など、四季を通じての色彩の変化は、訪れる子どもたちの感性を育んでくれます。

定期的なワークショップの開催
地域の学識者をまねいて、定期的にワークショップ(自然観察会)を行っています。写真はビオトープ観察会の講座で子どもたちが熱心に観察しています。

地域の自然植生が再現されたビオトープ
スゲ類やマコモなどが健全に生育し、良好な湿地・エコトーンを形成しています。カキツバタ、ミソハギなど四季を通じて花を楽しめ、夏休みには多くの家族連れが訪れます。

自然とふれあう散策路の設置

来場者が自然とふれあうことができるようにウッドデッキを設置しました。

また、水辺のエコトーンから続く草地には、チガヤ草地が連続的に広がっています。混生する在来種の花々も楽しむことができ、昔ながらの里地環境空間を創出しています。

多様な生物でにぎわう空間に

1階では、アラカシ・シラカシ・ソヨゴなど地域の植生に配慮した樹種を選んでいます(写真左)。

放流されたミナミメダカやドジョウは、1年目の春に早速産卵・孵化し、ビオトープ池の中で健全に生息しています。定期的な自然観察会では子どもたちに大人気です(写真右上)。

周辺よりアメンボやトンボ類などが訪れ、多様な生き物でにぎわう空間となっています(写真右下)。

■ 整備効果・展開の仕方など

- ビオトープには周辺からトンボ類などの多様な生き物が訪れ、池の中では系統保存の目的で放流した地域産のミナミメダカやドジョウなど多くの水生生物が生息・繁殖しています。
- 植栽した植物は良好に生育し、豊かな水辺環境・草地環境ともに育んでいます。
- 現在も訪れる生き物のモニタリングや自然学習会に活用されています。
- 未来を担う子どもたちを対象とした自然観察会や研究活動、外部への発信等によるビオトープの活用と発展を目指しています。

企業ビオトープをつくる

case 6 株式会社ブリヂストン　彦根工場　びわトープ

- **事業主体**　株式会社ブリヂストン　彦根工場
- **事業場所**　滋賀県彦根市高宮町211
- **規模**　約750㎡
- **完成年月**　2010年12月

ブリヂストン彦根工場では「びわ湖生命の水プロジェクト」を立ち上げ、琵琶湖の水環境を守るための活動を2004年から開始しました。その中で、琵琶湖固有種の絶滅危惧種であるカワバタモロコが初めて発見され、また、過去には同種の一大生息地であった彦根市において、工場内の貯水池ビオトープを活用し、カワバタモロコの絶滅の危険分散と系統保存を目的とした研究を開始しました。
今後もビオトープを用いた本研究を起点として、カワバタモロコをはじめとした琵琶湖流域の魚を保全し、生育環境の再生を目指すプロジェクトへと発展させていくことを目指します。

■ 整備方針・配慮のポイント

- ビオトープの池の水深や形状は、魚類の専門家の助言に基づいて設計しました。流水域と止水域、深みと浅瀬を設置することで、カワバタモロコが生息できる池や、その他の水生生物の生息場所となる水路を創出しました。

- 水域内にはカワバタモロコの産卵場所となる植生ロールや植生パレットの設置も行い、繁殖や生息に必要な条件を効果的に取り入れました。

- 植栽種は彦根工場周辺の彦根市多賀町産のヨシ、アゼスゲ、チガヤとし、地域の遺伝子を保全しています。

- 水路沿いには水田を設置し、近隣の児童による田植えや稲刈りなどの農業体験を通じて地域文化の伝承の場ともなっています。

- 水田と水路を繋げて、魚類が水田と水路を行き来できる構造にし、魚類が水田で繁殖できるよう配慮しています。

ビオトープ平面図

ビオトープのイメージパース

改修前はごく普通の工場内緑地だった

創出された水路と水田

絶滅危惧種のカワバタモロコ

カワバタモロコなどの生息状況を観察会で調査

■ 整備効果・展開の仕方など

- 整備後の最初の春にカワバタモロコを放流したところ、早速、産卵・孵化に成功し、その後たくさんの個体が健全に生息しています。
- 現在も三重大学や専門家と連携し、繁殖・生息に関するモニタリング調査を継続しています。
- 植物の維持管理は専門家の指導のもとで従業員が行っており、刈り取りや外来種の抜き取り作業によって、在来植物で形成された良好な湿地植生が維持されています。

西の湖産のヨシを活用した東屋

シオカラトンボ

ツチガエル

クロゲンゴロウ

企業ビオトープをつくる

●case 7　株式会社豊田自動織機　大府駅東ビオトープ

- ■ 事業主体　株式会社豊田自動織機
- ■ 事業場所　愛知県大府市中央町地内
- ■ 規模　約1,100㎡
  　　　　（流路部 約50㎡／池部 約100㎡）
- ■ 完成年月　2012年9月

2012年夏、長年管理がほとんどされず荒地状態だった自社遊休地で、地域本来の生態系を取り戻すためのビオトープ整備を行いました。愛知県が推進する「生態系ネットワーク形成事業」と連携し、周囲の緑地や水辺とのつながりを生み出し、様々な生き物を誘致するような設計を行いました。また、ビオトープを一般開放し、環境教育や整備活動を近隣住民や学生とともに行うことで、地域とのつながりも生み出しています。緑や生き物、地域にとっての新しい「つながりの場」になることを目標に活動を進めています。

■ 整備方針・配慮のポイント

「人と自然、地域をつなぐビオトープ」として、以下の点に配慮しながら、地域の生態系ネットワークの形成をめざして取組んでいます。

【整備方針】
3つの自然環境を創出し、地域の自然の見本園を目指します。
「林ゾーン」　　地域自生種を植栽する
「水辺ゾーン」　周辺にため池が多い地形を考慮し、園内にも
　　　　　　　水辺を再現する
「草地ゾーン」　整備前の敷地環境を保全する

【環境に配慮した設計】
工場や国内で得られる資源を有効活用しています。
- 工場廃棄物（石、堆肥）の再利用を図る
- 園内の水を循環ポンプを使って循環利用する
- 太陽光発電をポンプの動力源とする

【地域との連携強化】
施工段階からの多くの地域住民との関わりを深めながら進めてきました。
- 住民説明会を開催する
- 地域住民から地域固有種を株分けしてもらう
- 地域団体との協働によって敷地内施設（ベンチ、デッキ、丸太橋など）の制作を行う
- 地域の子どもたちによって地域在来種の放流を行う

【施工技術面の工夫】
- 水源がないため、水道水の循環を利用して流れをつくっています。溶存酸素が少ないため、上流部には多段落差を、中流域にも数か所落差を設け、エアレーションを起こして酸素を確保しています。
- 淵や瀬などをつくり、多様な生物が生息できるように工夫しています。

■ 整備効果・展開の仕方など

- ビオトープ整備前である2011年11月に確認した生物は32種でしたが、整備後の2013年5月には46種に増加しました。
- 多様な生物がより豊かに生息できるように、専門家のレクチャーを受けながら地域住民や学生と協働で維持管理活動を継続しています。

着工前

完成したビオトープの全景

「水辺ゾーン」にある蛇行した小川

当所計画段階では高低差が80cmだったため、盛土を行って高低差を1.5mにし、上流部には滝(多産落差)を設置しました。

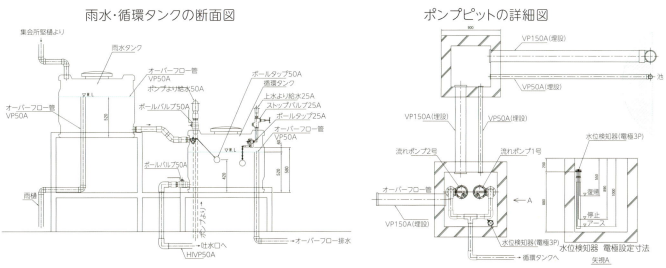

水源は水道水を使用し、循環タンクに溜めた後に滝口に自然流下させ、小川を流れて湿地・池に流れ込みます。池に溜まった水はポンプピットから循環タンクに戻り、足りなくなった分だけ水道水が補充されます。この循環方式により、水道水を直接流すことでカルキが水中生物に悪影響を及ぼすことを避け、ランニングコストを抑えています。

遮水シートの設置(左)と埋戻し(右)

遮水シートの種類にはいろいろありますが、主に合成ゴム系、合成ゴム＋粘土(ベントナイト)、合成樹脂系の3種類があります。施工性や価格などが異なるため、計画する際は慎重に検討することが必要です。このビオトープで使用しているのは合成樹脂系(塩化ビニル)のシートです。

湿地・池の施工ポイント

湿地は魚のエサとなるプランクトン(微生物)が豊富に生息する場所です。
水深は0〜10cm程度で池底に凹凸を付け、水が淀まないように湿地と池に石などで少し高低差を付け、流れをつくりました。

湿地と池に高低差をつけて流れをつくった

企業ビオトープをつくる

case 8　深川ギャザリア・ビオガーデン　フジクラ 木場千年の森

- **事業主体**　株式会社フジクラ
- **事業場所**　東京都江東区木場1-5
- **規模**　2,200㎡
- **完成年月**　2011年11月

工場跡地を業務系・商業系複合用途の「深川ギャザリア」として再開発する際に、多様な外部空間のひとつとして、ビオガーデン「フジクラ　木場千年の森」を整備しました。

深川の土地柄から、共有できる地域アイデンティティを期待して江戸期の緑の再現を志向しました。

■ 整備方針・配慮のポイント

- エコロジカルネットワークの一部を形成する自然度の高い空間や多様な生物の棲息空間、人々の憩いの空間の創出を目指しました。
- 植物階層に配慮しながら、二つの池と二つの池をつなぐ小川を取り巻いた植栽帯をつくりました。各池を中心に、保護区と解放区をつくり、利用の仕方を分離しています。
- 導入植物・魚類はすべて関東地域在来種に限定しました。近年の外来種は駆除を基本としましたが、全体の調和を崩さない範囲内での許容はしました。
- 施工では、もともとの埋立土の上に赤土を盛土して高低差を出すことにより、上の池から下の池へと自然流下が生まれるようにしました。
- 下の池の周りには、林間から採取した表土を撒き出して、畑土の埋土種子の発芽を回避しました。
- 地盤の地産地消に配慮して、石材・木材などの資材についても関東産や地域由来の材料を使用しました。

■ 整備効果・展開の仕方など

- オフィスの商業施設の一角に広がりと深みのある森をつくることで、地域アイデンティティと企業精神を象徴する場となりました。
- 想定以上に多種多様な多くの生物が棲息・去来し、カルガモやカワセミ、シジュウカラなども営巣していました。
- 来街者へのアンケートでは、ビオガーデンの存在を称賛し、持続的な管理を望む意見が大半を占めました。
- 環境の経年変化を植物や鳥類、魚類、昆虫類、地中微生物などで随時観察しながら、「順応的管理」を実行しています。
- 社員による自然環境への取組機運醸成につながるとともに、企業グループの環境配慮型事業へのイメージ形成の柱となっています。

計画平面図

完成から4年半後の全景

完成から2年半でも旺盛な新緑が芽吹いた

施工資材は関東産や地域由来のものを使用

観察会では生きものと環境や外来種の問題点について話す

● case 9 **ダイキン工業株式会社　ダイキン滋賀の森**

- 事業主体　ダイキン工業株式会社滋賀製作所
- 事業場所　滋賀県草津市岡本町
- 規模　　　11,304㎡
- 完成年月　2012年11月

滋賀製作所では企業緑地を活用し、郷土種のゲンジボタルの保全活動を行っています。森や池を有する緑地が里山地域の中央に位置し、田上山系から琵琶湖へと続く緑地や水辺のつながりを強化する上で、より質の高い地域生態系を構築できるポテンシャルの高い地域です。その一方で、ゲンジボタルの棲息にとって流水環境が狭く、成虫の生息・産卵環境となる水辺・陸地の移行帯が少ないこと、また生息に影響を与える外来種が生息することなどの問題点もあり、ゲンジボタルが繁殖できる水路の創出が急務でした。

■ 整備方針・配慮のポイント

- 既存の森に併設された貯水池の水を利用し、将来的にゲンジボタルが再生産を行うことができる水路を創出することを整備方針としました。
- 水路では、幼虫が生息することができる水温や水量、護岸の形状、植物体、夜の暗さの他、エサとなるカワニナの生息環境にも配慮しました。
- 護岸を蛇行させることで水路の距離を伸ばし、池からポンプアップした水の温度をできる限り低下させるとともに、林内では石組み護岸を採用して安全性と環境の多様性の両立を実現しました。
- 日当たりのよい水路沿いには、カサスゲやアゼスゲなどを植栽し、水温低下や日陰効果を期待し、生息・産卵場所の創出を行いました。
- ゲンジボタルやカワニナはもちろん、植栽に用いた植物もすべて地域産のものを使用することで、地域遺伝子の保全にも配慮しました。

■ 整備効果・展開の仕方など

- 整備3年後には、ゲンジボタルの石組護岸のコケへの産卵や羽化が確認されました。
- ゲンジボタル以外にも、トンボ類やセキレイ類の利用、流水性の水生生物の生息などが確認されています。
- もともと生育していたニホンタンポポのほかに、植栽したミソハギやセリ、カキツバタなどが四季折々に色づき、森を華やかに彩っています。
- 保全活動の展開に欠かせないのが従業員の参加です。従業員による自主的な活動や社内環境イベントとして実施することで、生物多様性の普及・啓発も積極的に進めています。
- 人と自然の関係を築くとともに、人と人、従業員同士の絆や結びつきも生まれ、この森を通じた交流が広がっています。
- 周辺地域と生態系ネットワークの形成を進めることにより、地域の生物多様性保全の拠点となり、地球環境と地域社会に貢献すべく活動を進めています。

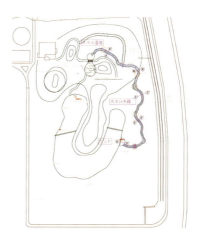

計画平面図

林内の護岸は石組で安全性と環境の多様性を両立

日当たりの良い水路沿いは背の高い水生植物を植栽

企業ビオトープをつくる

●case 10 パナソニック株式会社　共存の森

- ■ 事業主体　パナソニック株式会社アプライアンス社
- ■ 事業場所　滋賀県草津市野路東
- ■ 規模　　　約15,000㎡
- ■ 完成年月　2011年10月

パナソニック株式会社アプライアンス社草津工場は、古くから独特の自然環境を有する瀬田丘陵に位置し、周囲にはコナラやアカマツの里山林と農業用ため池が多く存在します。また、貴重な自然環境を有する琵琶湖と田上山地のほぼ中央に位置します。
このように豊かな自然環境に恵まれた地で、工場緑地の整備・保全を通して地域の生物多様性への貢献を目指す「エコロジカルネットワーク構想inエコアイデア工場びわ湖」を2011年10月に発表し、その基本構想・計画立案、設計・施工を実施することとなりました。

■ 整備方針・配慮のポイント

- 周辺地域の生態系の特徴と行政施策を把握して計画を立てました。
- 草津工場周辺や施工地内（以下「共存の森」）の生物調査によって、周辺の生物多様性のホットスポットを抽出し、それらと共存の森とのエコロジカルネットワークが機能するように、目標とすべき生態系を把握しました。
- 施工地にもともとあった在来の植物群落を活かしつつ、保護林や水辺ビオトープ、里山林創出エリアなどのゾーニングを行い、それぞれの目標に沿った整備や施工を行いました。
- 近隣から採取した在来種の草本や苗木を植栽し、施工前に占有していた外来種「トウネズミモチ」を駆除し、地域の遺伝子保全を図りました。
- 既存の調整池は藪に囲まれたコンクリート水路のみになっていましたが、樹林を整備して、素掘水路を設け、植栽済の植生ロール＆マットによって抽水植物群落が広がる湿地環境を創出しました。

■ 整備効果・展開の仕方など

- 整備後に毎年、生物のモニタリング調査を実施し、生態系の変化を把握し、それらの知見を維持管理に反映させながらエコアップを行ってきました。
- 在来種のチガヤを植栽した法面の草地に、施工前は少なかったヤマトシジミやベニシジミ、マダラスズ等の草地性昆虫が増加し、さらにカヤネズミの営巣も確認されました。
- ビオトープ周辺に植栽したアゼスゲやカサスゲ、ウキヤガラなどの抽水植物群落にはキイトトンボやアオモンイトトンボなどトンボ類の産卵が確認され、その数は増加しています。
- ビオトープ内の生物のにぎわいや生態系について、地元の小学生を対象に社員が観察会を実施し、啓発の場としても利用しています。

計画平面図

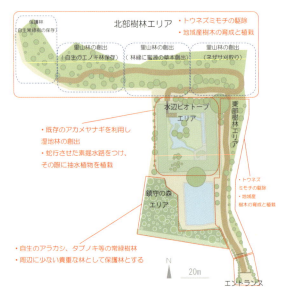

地域の在来種を活用・植栽したビオトープ

小学生への環境学習を社員が実施

カヤネズミの巣

case 11 旭化成株式会社　守山製造所

- **事業主体**　旭化成株式会社　守山製造所
- **事業場所**　滋賀県守山市小島町515番地
- **規模**　トンボ水路　約50㎡
  　　　　　ハリヨ保全池　約20㎡
- **完成年月**　トンボ水路　2013年3月
  　　　　　　ハリヨ保全池　2015年11月

守山製造所では地域の環境保全への取組みを強化しています。事業活動で使用した地下水は地域の農業用水として利用されていることから、特に水環境の生態系保全の取組みに注力しています。

製造所の敷地内には、かつて絶滅危惧種の魚類であるハリヨが生息する湧水池があったと言われています。また、滋賀県は水との関わりが深く、環境の指標種とされているトンボの生息が100種確認されています。いずれも特有の自然を象徴する生物です。そこで、地域の保全団体や博物館等の専門家と連携し、地域の生物の保全とその活用を通じて地域に貢献することを目指し、トンボとハリヨの保全に焦点を当てたビオトープを整備しました。

■ 整備方針・配慮のポイント

地域の保全団体や専門家と連携し、生息に適した条件を効果的に盛り込んで設計しました。

【トンボ水路】
- トンボの生息に適した多様な流水や水深の環境をつくるため、既存のU字溝にヤシ繊維の植生基盤を設置し、川床には石を効果的に配置しました。
- 成虫が周辺の水に誘引されて拡散することを防ぐため、周辺からの光を遮るように水際にヨシやカサスゲを植栽しました。植栽苗は地域遺伝子に配慮し、湖東地域産を使用しました。

【ハリヨ保全池】
- 生息環境を再現するため、水深50cm程度の深場や稚魚の生息場となる流れが緩やかな水域をつくりました。
- 底に埋めたパイプから地下水を湧出させ、湧水環境を再現しました。また、楕円形の池に植生基盤を用いてU字型の流路をつくり、水が滞りにくい構造としました。
- 産卵場所や隠れ場所の確保のため、護岸の一部は石積みとし、池底にも適度に自然石を配置しました。また、池の周囲や中央部にはスゲ類等の水生植物を植栽しました。植栽苗は地域遺伝子に配慮し、湖東地域産を使用しました。スゲ類のような水面に垂れ下がる植物は、池の水温の上昇防止にも効果的です。

■ 整備効果・展開の仕方など

- ハリヨ保全池では順調な繁殖が確認され、トンボ水路では希少種を含む複数種のトンボの生息が確認されています。
- これらの水辺において従業員やその家族を対象とした観察会を開催し、小学生の自由研究にも活用されました。
- 地域の生物の保全を着実に行うとともに、地域に対しても生物多様性保全の啓発の場となるように積極的な活用を図りたいと思います。

トンボ水路

ハリヨ池

ヤシ繊維の植生基盤を置き、水際にカサスゲを植栽

池底に自然石を配し、周囲にスゲ類などを植栽

企業ビオトープをつくる

●case 12 株式会社ホロニック　セトレマリーナびわ湖

- 事業主体　株式会社ホロニック
- 事業場所　滋賀県守山市水保町1380-1 ヤンマーマリーナ内
- 規模　3,200㎡
- 完成年月　2013年10月

セトレマリーナびわ湖は、琵琶湖畔に立地し、琵琶湖と比良山系を一望するプライベートリゾートホテルです。

「エコトーンに配慮した建築」を一つのテーマとし、琵琶湖～内湖～里地～里山への連続性のある自然植生のエコトーン（移行帯）の再生を目指しました。また、ホテルの躯体そのものがエコトーンの一部となるよう各所に地域の自然素材を用いました。光・風・水・音・土・樹木など建築内でも自然とのつながりを感じられる空間を多く設けることとして計画整備に至りました。

■ 整備方針・配慮のポイント

- 「湖岸エリア」では、琵琶湖の原風景をモチーフに既存のヨシ帯と連続する形でマコモ群落を形成しました。琵琶湖の水位変動や植物の特性等を考慮し、植栽時期や工法等を選定しました。

- 「内湖・ため池エリア」では、建物からの雨水を利用しました。湖東地域の遺伝資源を活用し、地域固有の植生を再現しています。また、土の盛り方を工夫し、また粒径の異なる砂利や自然石を配置し、エコスタックを形成し、多くの動植物の生育に対応できるよう配慮しました。

- ホテル自体もエコトーンの一部としており、各階・屋上テラスはスラブ上部もすべてシバ植生を整備し、連続的な景観としています。草地性生物のネットワークとしての効果も期待しています。

- 「芝生＋里山育成林エリア」では、地域の里地・里山に見られる自然植生の構成種を配置し、可能な限り地域産の樹木を用いました。将来的に階層構造をもつ豊かな森に育っていくように、構成比率にも配慮しています。四季を通じて花や実を楽しむことができ、鳥たちが利用できる空間を目指しています。

■ 整備効果・展開の仕方など

- 「内湖・ため池エリア」には、周辺からトンボや鳥類などの生き物が訪れ、水辺では水生生物が生息・繁殖しています。

- 「里山育成林エリア」では、結婚式やパーティーイベントなどの記念植樹を行っており、運営スタッフで育樹チームを結成し、少しずつ木々を増やし、大切に育てていく森づくりを実践しています。

- これらの水辺・里地環境を良好な状態へ導くために、専門家の協力のもと、エリアごとに順応な維持管理計画を策定して実践に努めています。

- トンボ類のように、生活史の中で水辺から草地・樹林へと様々な生息環境を移動して利用する生き物たちがにぎわう生活空間となるようにエコアップを図ります。

- 地域の大学と連携した研究活動や運営スタッフを対象とした自然観察会、利用客や地域への発信など、エコトーンの活用と発展を目指しています。

ホテルもエコトーンの一部としてシバで屋上緑化する

地域固有の植生を再現した内湖・ため池エリア

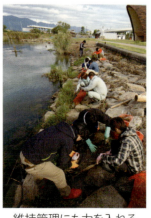
維持管理にも力を入れる

記念植樹スペースもあり、植樹によってやがて雑木林になる予定

エコトーンダイヤグラム
琵琶湖〜内湖〜里地〜里山へと連続性のある自然植生の移行帯「エコトーン」の再生をめざしています。

計画平面図
エリアごとの自然再生イメージや方向性を明確にしています。

企業ビオトープをつくる

●case 13 株式会社鈴鍵（すずけん）　下山バークパーク

- ■ 事業主体　株式会社鈴鍵
- ■ 事業場所　愛知県豊田市和合町
- ■ 規模　　　約2,400㎡
　　　　　　 小川 約70m／池 約60㎡
- ■ 完成年月　2002年10月

「環境と自然と遊びのテーマパーク」として地域に開放されている下山バークパークは、「ウッドチップリサイクルシステム」やビオトープを通して、循環型社会に向けた環境との共生を実体験として学べるフィールドです。
リサイクルの現場や廃棄物の利活用事例、環境技術について学ぶ研修の場として、また子ども向けの自然体験学習の場、自然とふれあう憩いの場として、幅広い活用ができる施設です。

■ 整備方針・配慮のポイント

- 地域の動植物が棲めるビオトープ公園として、子どもたちの環境教育に開放し、地域の自然を守る拠点にもなっています。
- 園内にカブトムシの森や実の成る森、めがね橋、ちびっこ砦、池、川を整備し、次世代の子どもたちに体験を通して自然の仕組みを学んでもらい、自然を守り育てる心を育んでいます。

■ 整備効果・展開の仕方など

- 施設は「自然について、楽しく学ぼう」をテーマにしており、環境との共生を目指しながら自然環境の仕組みを学ぶことができます。
- 環境学習プログラムも充実し、遠足などにも利用可能です。
- 完成して20年ちかく経ち、多種多様な生物たちが集まってきました。わかっているだけで150種類以上の動植物が生息しています。
- 維持・管理にあたっては草丈を一定に刈ってしまうのではなく、生物の目線になり草丈の調整をします。昆虫や小動物の移動できる距離を考えて草刈りを行っています。
- 手つかずの森（天然林）は自然のままの豊かで多種多様な自然環境が残されていて、多くの動植物が生息し育っています。手つかずの森を保全するには、在来植物の保護やその土地の生態系の維持などが重要になります。

公園内には多様なビオトープ環境をつくっている

草地の草刈りは草丈を一定にしない

ビオトープは自然の仕組みを学ぶ環境学習の場

手つかずの森には多種多様な生き物が育つ

case 14 アイシン精機株式会社　エコトピア

- 事業主体　アイシン精機株式会社
- 事業場所　愛知県半田市日東町
- 規模　　　4,000㎡
- 完成年月　2007年8月

アイシンエコトピアは、地域に生息する多様な生物の生息地として、また自然の中で多くの生き物とふれあうことで、環境について子どもたちが体験しながら学べる環境学習施設として整備されたビオトープです。
2010年6月に第2回ビオトープ顕彰自然創出部門の顕彰委員長賞を受賞したのを機に、さらなる生物の多様性を目指すべく、生物の目線に立ってさまざまな工夫やエコトープの改修を行いました。また、地域の水族館と協業して、絶滅危惧種の保全も行っています。

■ 整備方針・配慮のポイント

- 水域では様々な生き物が棲みつけるように、川の部分では、始まりの部分は滝状にして酸素を取り込みやすいようにしています。川の曲がり部分には石や木で隠れ場をつくり、魚や水生生物の退避場を設けています。中間部ではボックスカルバートで橋をつくり、橋の下には深みをつくることで、魚の隠れ場としています。
- 池においても川同様に、浅い部分と1.5mほどの深い部分をつくることで、環境に多様性を持たせています。
- 植物については知多半島周辺の在来種を主体に植生しています。
- 「アイシンの森」と称する森のエリアでは、地元の福祉施設でドングリから育成された苗を主体に植樹を行っています。

■ 整備効果・展開の仕方など

- ビオトープ設置以降、植物や昆虫、鳥類、魚類、両生類、爬虫類、ほ乳類の生息状況がどのように変化しているかの調査を、毎年2回行っています。
- 環境学習に来た小学生たちには、会社が独自に作成した生き物マップを教材として渡しています。小学生たちは、それを活用して自分たちで生き物を探し、観察する活動も行なっています。

ビオトープは地元小学生の環境学習に活用されている

地元の福祉施設で育てた苗を主体に植樹を行う

深さに多様性をもたせた半田池

川の始まり部分につくられた滝

魚や水生生物の隠れ場が所々につくられた小川

企業ビオトープをつくる

●case 15　サンデンホールディング株式会社　サンデンフォレスト

- ■ 事業主体　サンデンホールディングス株式会社
- ■ 事業場所　群馬県前橋市粕川町中ノ沢7
　　　　　　サンデンフォレスト第一宅盤事務所
- ■ 規模　　　640,000㎡
- ■ 完成年月　2002年

サンデンフォレストのある赤城事業所は、サンデンホールディング株式会社(旧 サンデン株式会社)の事業所のひとつであり、群馬県・赤城山の麓、標高400〜480mに位置しています。計画段階で、当時の会長であった牛久保雅美が、友人C.W.ニコル氏を通じて西日本科学技術研究所の福留脩文氏と知り合い、近自然工法の存在を知り、その採用に至りました。「自然と産業の矛盾なき共存」をコンセプトに造成が進められ、東西2か所の調整池がビオトープ化されました。

■ 整備方針・配慮のポイント

- 調整池の斜面を階段状にして植樹した樹木が定着しやすいようにしたり、水際に造成時に出土した岩石を積み上げて隙間を多くし、水生生物や小動物、昆虫が棲める環境をつくり出したりする工夫をしました。
- つる植物の成長を促進させるため、堤防のコンクリート壁面に金網を張りました。
- 伐採・植樹の際には、赤城地域の気候や地浅な土壌に見合った選木を行いました。
- 必要以上に下草刈りをせずに、藪や草地など動物の生息地になるような場所をできる限り残すようにしました。

事業所を取り囲むように広がるサンデンフォレスト

■ 整備効果・展開の仕方など

- 造成前から定期的に生態系モニタリング調査を外部団体に依頼して行っています。
- 造成直後には生物種類は減少しましたが、現在では造成前よりも多くの生き物たちが確認でき、赤城地域の生物多様性の向上に貢献しています。
- 鳥類や中・大型の野生ほ乳類がビオトープに水を飲みに来ている様子が赤外線カメラで確認されています。
- ゲンジボタルやヘイケボタルが生息する箇所があり、毎年社員とその家族がその鑑賞をしているほか、2018年からは地域の方にも公開を始めています。
- サワガニが棲息する箇所もあり、学校の社会見学で活用されています。

サワガニを探す子どもたち

造成地に出土した岩石を小川の護岸に活かす

大型の鳥も飛来する

ゲンジボタルやヘイケボタルも生息する

調整池の野生化の実現：東調整池の入水前(左)と入水後(右)

本来の調整池は直線的なものが多いですが、境界線を曲線化して自然に近い地形の復元をしました。池底は深さが一定ではなく深い所と浅い所をつくり変化を付け、多種多様な生物が生息しやすいように工夫しています。自然本来の力で自然を復元できるよう人間の手で最初の段階を手助けした例です。

調整池の野生化の実現：西調整池

西調整池も東調整池同様の工夫を行いました。法面の植生も成長し、水辺から周辺の森へとネットワークが形成されてきました。

癒やし空間としてのビオトープ

隣接する売店の前にビオトープの池があります。
この池は雨水を利用してつくられており、植生は自生種を中心に植えてあります。
社員が利用する売店の前ということもあり、休憩時には池の周辺でくつろげる癒しの空間になっています。

堰堤の自然への同化：堰堤(上)と堰堤前の土佐積み(下)

無機質なコンクリート堰堤をつる性植物で緑化し、周りと違和感のない風景にすると、昆虫などが行き来できるようになります。
また、堰堤前には「土佐積み」の空石積みが配置され、無機質な空間を和らげています。
石の間は空隙がたくさんあり、小動物の棲み家となっています。土佐積みを設置した当初はゴツゴツとした感じがありましたが、時が経つにつれて植生が石積を覆って和らげてくれます。

企業ビオトープをつくる

●case 16 豊田鉄工株式会社　トヨテツの森

- **事業主体**　豊田鉄工株式会社
- **事業場所**　愛知県豊田市細谷町4-50
- **規模**　2,500㎡
- **完成年月**　2013年11月

本社事務所新設に伴い、旧事務所を解体し、緑地を整備する予定でしたが、生態系ネットワークづくりのための森づくりや都市部における環境負荷の低減などを理念に、環境保全活動による社会貢献を目指す取組みとして、「トヨテツの森」をつくりました。
この森をつくるにあたり、愛知県が策定した「あいち生物多様性2020」にある「生態系ネットワークの形成」に積極的に参加することにしました。「トヨテツの森」は、豊田市東の矢作川と西の丘陵地帯を結ぶ「生態系ネットワーク」の中間に位置することから、他の企業の森や公園とともにネットワークを形成することができると考え、地域にある自然を模した森や川づくりを進めています。

■ 整備方針・配慮のポイント

- 植栽樹木は「みんなでつくるトヨテツの森」をコンセプトに、豊田市の在来樹木を選定し、緑地の中に約45種類の樹木苗木1,454本を役員や社員が参加して植樹しました。
- 森の中には社員のためのやすらぎの空間として工場排水を利用したビオトープを創出しました。
- 小川には滝や池を設け、魚の隠れ場所や産卵場所を確保し、地元の矢作川水系の魚など14種類約1,000匹を放流しました。

計画当初のイメージパース

滝(多段落差工)により小川をステップ・プール構造にしている

小川の上流部(上)と下流部(下):岩石を配したりして自然の川を模している

多段落差工(滝)で小川の深さに変化をつける

草地のブッシュ(藪)
草原はブッシュをところどころ残すことで、生物の隠れ場所を確保しました。

通路脇の石積み
多孔質な空石積みによって昆虫や小動物の棲み家・隠れ家をつくりました。

小川の断面

弱い流れ　強い流れ

河床0cm → 30cm

変化のある河床深さ
強い流れの部分は深くなり、弱い流れの部分は砂が溜まり浅くなります。

■ 整備効果・展開の仕方など

- 工業用水は枝下用水の水を引き込んでいます。枝下用水は矢作川の水を取り入れているため「トヨテツの森」の小川に流れる水は、溶存酸素が豊富で水中には魚のエサになる微生物がたくさんいます。

- 立派な森になるまで時間はかかりますが、今後、いろいろな昆虫や鳥が訪れたり、棲みついたりしてくれるのを楽しみにしています。

施工中

2年後

池の自然化
違和感のない自然の風景になり、たくさんの鳥たちが集まってくるようになりました。

施工後

企業

105

企業ビオトープをつくる

●case 17　トヨタ自動車株式会社　びおとーぷ堤

- **事業主体**　トヨタ自動車株式会社　堤工場
- **事業場所**　愛知県豊田市堤町馬の頭1
- **規模**　約2,800㎡
　　　　　（小川部 約100㎡／池部 約200㎡）
- **完成年月**　2018年10月

トヨタ自動車では2015年に「トヨタ環境チャレンジ2050」を発表し、「人と自然が共生する未来づくり」に取組んでいます。堤工場では2007年より工場緑化の取組みを開始し、「自然と共生する工場」を目指して活動をしています。地域の生態系を学び、「この土地に昔から存在した里山」の風景を再現するビオトープづくりに取組みました。

■ 整備方針・配慮のポイント

- びおとーぷ堤は2008年から始めたビオトープ活動の課題に対応し、「コナラを中心とした里山林」をコンセプトに、3つの整備方針のもとで整備を進め、新たに2018年にオープンしました。地域の生態系の保全・育成を考慮し、地域に根付いた植物・水生生物を採取してビオトープに導入しています。
- 環境省絶滅危惧IA類のウシモツゴの生息域外保全を実践するため、近自然工法を中心とした繁殖に適した環境づくりを行うとともに、導入する水生生物はウシモツゴとの共存を考慮しています。

【びおとーぷ堤の3つの整備方針】
- 里山の再現、水辺を中心とした、この土地に昔からある生態系の保全・育成
- 近自然工法を取り入れ、自然に近い川や緑地に仕上げていく
- 絶滅危惧種の保全・繁殖を考慮した生き物の採取・導入

■ 整備効果・展開の仕方など

- ビオトープの管理にあたっては、最小限の刈り取りで昆虫が住みつきやすい形となるように配慮し、多様な空間を創出するようにしています。過去の堤工場周辺の生物調査をもとに適正な指標種を決め、年に数回の指標種調査を実施することにより、鳥や昆虫などの生息データを把握しています
- 日常の水質管理と樹木や水草等の適切な育成管理、定期的な外来種駆除を従業員と地域が一体になって行っています。
- 環境教育の場づくりとして、県・市が展開している環境学習や企業のエコツアー紹介に登録し、より多くの方々に足を運んでもらえる体制づくりを行うとともに、地域の小学生を招いたエコツアーで学習の場として活用してもらっています。
- 今後の管理においては、指標種調査の結果に基づき、生息環境の維持改善を図り、多くの生物が集まるビオトープを目指します、また、ウシモツゴの繁殖状況を確認し、自力で個体群維持ができる環境づくりを目指します。
これから、5年・10年と地域の方々に見守ってもらいながら、「堤に行けば豊田市の里山の様子がよくわかる」と言われるように育てていきます。

着工前

完成直後のビオトープ全景

地元の小学生たちによる魚の放流（オープニングセレモニー）

地元小学校の環境学習の場になっている

ビオトープのイメージパース

従業員が考えたシンボルマーク
堤の『つ』をモチーフに、生息するメダカ(びおメダカ)とビオトープにいつでも帰っておいでの想いを込めたカエル(かえりん)が描かれています

上流部に滝口を設けて溶存酸素を取り込む

ビオトープの水の確保と水流調整

- 水源は矢作ダムから流入している工業用水を使用し、ポンプで汲み上げ循環式で流しています。
  [循環] 3インチポンプ
  [規格] 揚程約1.5m／水量約300ℓ/分

- 本ビオトープの流れは通常約150ℓ/分の水を流入し、約40㎝/秒の速さで流しています。
  夏期は水温の上昇を抑えるため、工業用水の水量を変化させ水温調整を行います。

石を積んで影ができるようにした魚の隠れ家

地域の魚を集め繁殖させてビオトープ内に放流したり、子どもたちに間近で観察してもらったりするための施設「生き物館」も建設した

企業

企業ビオトープをつくる

●case 18　旭化成住工株式会社　湯屋(ゆや)のヘーベルビオトープ

- ■ 事業主体　旭化成住工株式会社
- ■ 事業場所　滋賀県東近江市湯屋町1番地
　　　　　　（旭化成住工株式会社　滋賀工場内）
- ■ 規模　約800㎡（幅約40m×奥行約20m）
- ■ 完成年月　2017年6月

国土地理院の地図や1970年頃の航空写真によれば、この地域にはため池や水田、雑木林などの里山環境が広がり、豊かな水辺生態系がありました。
湯屋のヘーベルビオトープは、旭化成住工(株)滋賀工場の生物多様性保全活動のシンボルとして、また、すべての従業員や地域、取引先、学校、行政機関などとの連携の中心となる存在として、整備を行うことになりました。

滋賀工場建設前の湯屋地区（1970年頃）

計画平面図

■ 整備方針・配慮のポイント

- 工場敷地の過去の状況や地域の歴史などを踏まえて、コンセプトを検討しました。
- 整備開始時、滋賀工場周辺にある自然豊かな水辺環境は、山奥に残されたわずかな場所に限られていたことから、かつての環境の一部を復元することにより、トンボが飛び交う原風景を再現したいと考えました。
- かつてこの地にあり、工場建設に当たって埋め立てられた6つの溜池のうち、最も古い勝鳥溜を含む3つの溜池の形状を1/5スケールで再現しました。水深や植栽には変化をつけ、1つの溜池は降雨時のみの一時的水域にするなど、多様な水辺環境を復元しました。
- 整備には、希少種のヨツボシトンボが数多く生息する近隣企業所有の貴重な湿地の土を使用しました。
- 溜池周辺への植栽植物（ハンノキ、アゼスゲ、ヨシ、チガヤ、ミクリ、ホソバミズヒキモなど）は、近隣企業所有地に残る貴重な湿地や北坂町の山奥にある溜池から移植し、すべて地域産のものにこだわりました。
- 溜池は当初は地下水で満たし、以降は雨水により自然補充しています。

■ 整備効果・展開の仕方など

- ビオトープ創出から間もなく、アメンボやコガムシ、ニホンアマガエルなどが自然に集まり、その後もシオカラトンボやショウジョウトンボ、タイコウチ、希少種であるミズカマキリなどが確認されました。
- ビオトープ創出前の2016年度はシオカラトンボなどわずか2種しか確認できませんでしたが、2018年度にはヨツボシトンボやアジアイトトンボなど17種と飛躍的に増加しました。産卵によるヤゴも多数確認しています。
- 専門家指導のもと、地域の親子を対象にした観察会を実施しています。

1/5スケールで再現した勝鳥溜

飛来したヨツボシトンボ

地域の親子が参加して観察会を行う

🍃 用途に応じたビオトープ

学校ビオトープをつくる

学校ビオトープは、子どもたちが様々な生き物を観察し、自然環境について学ぶ場所となります。季節の移り変わりの中で日常的にビオトープの生き物に触れることで、命の大切さや自然の営みについて体感することができます。
自然は子どもたちの最大の教師なのです。

ポイント① 安全を確保する

自由に、楽しく親しむことができるだけでなく、万が一、水の中に落ちても安全である必要があります。

ポイント② 利用上のルールをつくる

学校ビオトープは日常的にたくさんの子どもたちの遊び場となることから、「虫とりや魚とりは自由とするか禁止か」「川の中の石を動かしたら必ず元に戻す」など、ビオトープ利用についてルールが必要です。こうしたルールは話し合いを通して子どもたち自身が決めるようにしましょう。

ポイント③ バッファーゾーンを確保する

維持管理以外には立ち入り禁止の場所（バッファゾーン）を設け、生き物の隠れ家を確保しましょう。

学校ビオトープをつくる

◆周囲の自然とのネットワークをつくる

　ビオトープをつくることで、学校は子どもたちが自然とふれあい、自然について学ぶ環境学習の場となります。また、学校ビオトープは周囲の自然とのネットワークを形成し、そのネットワークによって地域全体の生物の多様性を育んでいきます。

　学校ビオトープは、多種多様な生物を呼び寄せる池・小川などの水辺空間を軸にして造成するのがスタンダードですが、施工にあたっては以下の点に注意しましょう。

- 掘　　　削……池・小川の形状に合わせて掘削するのではなく、側面は直掘りし、底面は平らに仕上げ転圧します。
  池・小川の形状に合わせると、粘土層、河床基層が薄くなり遮水シートが露出する原因にもなります。
  また、石などを設置する際に石の安定が悪くなったり、大きさなどが限られたりします。

- 遮水シート……池、小川の水が外部に染み出し、漏れ出すのを防ぎます。
  合成ゴムや合成樹脂系、ベントナイト系などが多く使われています。
  シート設置後の埋戻し時に遮水シートが引っ張られるため、少し広め（水景施設の1.2～1.3倍程度）に設置します。

- 粘　土　層……主に赤土のような粘性土を使用して固い層をつくり、基本となる形を造成します。
  掘削面と遮水シートを安定させ、遮水シートが表面に出るのを防ぎます。
  また、遮水シートと河床基層のズレを防ぐ役割もします。

- 河床基層……主に山砂を基本とし、最終的な池・小川の形状を決める層です。
  草や低木などの植物を植栽する層でもあるため、一定の厚みを確保します。
  山砂は粒子の細かいもの（真砂土）を使用すると水を含んで安定せずに、水を流した時に流れてしまうため、細かい礫の混合したもの使用します。

- 河　床　材……河床基層を落ち着かせるとともに、河床に変化を付けさせる役目があります。
  砂利や小石には苔が付き、それが生物のエサにもなります。
  使用材料としては川砂と砂利、小石（5～30mm程度）が適しています。材料や材料の大きさは施工規模によって変わってきます。

- 水　　　深……小川の水深は10～30cm程度で、蛇行させて瀬と淵をつくります。
  三面張り水路のように河床が平らな川には多様な生物は住みつきません。
  河床に起伏を持たせることにより、多様な生物が生息可能になります。

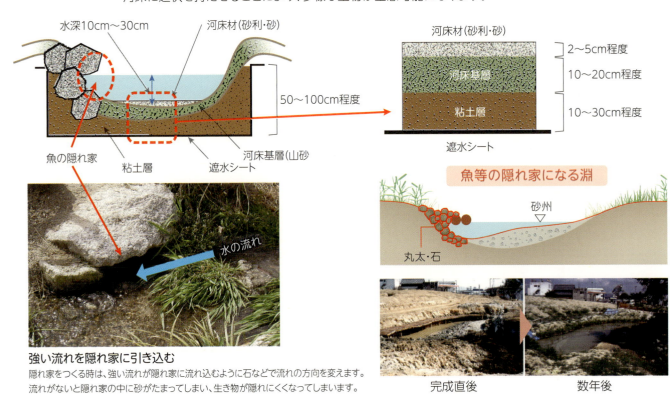

強い流れを隠れ家に引き込む
隠れ家をつくる時は、強い流れが隠れ家に流れ込むように石などで流れの方向を変えます。流れがないと隠れ家の中に砂がたまってしまい、生き物が隠れにくくなってしまいます。

完成直後　　　数年後

施工の手順

着工前の位置出し　　小川の掘削

遮水シートは川幅の2倍以上に
遮水シートを川幅と同寸法で設置すると、川の蛇行をつくる時にシートが出てきてしまいます。
川の蛇行を自由につくるためには、石を設置するスペースのほか、石を埋め込む深さを考慮する必要もあります。
遮水シートは実際の川幅の2倍以上の広さで設置しましょう。深さは水深と河床基層・粘土層の厚みを考慮し、少し深めに設置するとよいでしょう。

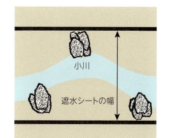

遮水シートの設置

河床の造成

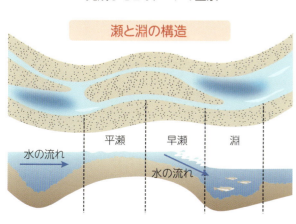
完成したビオトープの全景

ビオトープの経年変化

完成時の滝

5年後の滝

瀬と淵の構造

平瀬　早瀬　淵
水の流れ

河床の深さに変化を付ける
河床の深さに変化を付けることで、水の流れや速さに変化を与え、生き物にとっても生息しやすい環境をつくることが大切です。川の中央に中洲をつくったりするのも効果的です。

学校

113

学校ビオトープをつくる

●case 1　学校法人ヴォーリズ学園　近江兄弟社小学校

- ■ 事業主体　学校法人ヴォーリズ学園
　　　　　　　近江兄弟社小学校
- ■ 事業場所　滋賀県近江八幡市浅小井町
- ■ 規模　　　約8500㎡
- ■ 完成年月　2001年4月（活動開始）

昔、琵琶湖の内湖であった北の庄沢は、たくさんのホタルの棲む場所として有名でしたが、「夢の兄弟社村づくり」の計画当時（2001年）には、土地は荒れ、ゴミが散乱している状況でした。しかし、周辺には里地里山や田園風景が広がり、水辺には貴重な植物も確認でき、また湖畔のヨシを使った伝統工芸が伝承され、文化的な景観が残されている地域もありました。

児童が環境学習を進める中で、生き物がいっぱい集まる「世界にたったひとつの自分たちの村をつくろう」という夢を掲げ、土地を開拓して兄弟社村づくりプロジェクトを進めてきました。ビオトープ池をはじめ、学習田や菜園、森、広場、ひみつ基地、穴窯等を創出し、地域生態系の再生、子どもたちが楽しく学べるフィールドづくりを目指しています。

「夢の兄弟社村」のイメージパース
「世界でもどこにもない夢の村を作ろう!」をテーマに13年間、児童、教師、保護者、地域専門機関などで協力し、日々の活動を積み上げ、形づくってきた。

■ 整備方針・配慮のポイント

- 水環境の保全活動に努めている地元の研究会の活動を継承し、「北の庄沢の自然を取り戻そう」をコンセプトに、兄弟社村に西の湖や北の庄沢などの内湖を再現しました。

- 湿地や水路は多様な生き物の生息環境となるように配慮し、流れや水深に変化を持たせ、特にエコトーンエリアの充実を図りました。

- 北の庄沢の植物調査を実施し、沢にもともとある草本類を植栽し、地域遺伝子の保全に努めました。

- 学習田や菜園、森、草地など様々な植生を創出することにより、多様な生き物でにぎわう地域の里地空間となるように配慮しました。

- この地域の自然や文化的な成り立ちについて、子どもたちが楽しみながら深く発展的に学ぶことができるように、長期的に継続できる活用プログラムを視野に入れて村づくりを行っています。基地や穴窯なども創出し、子どもたちが楽しく学べるフィールドづくりを目指しました。

子どもたちが構想した「夢の兄弟社村」のイメージ

階段を手づくり
段差のある高台に登れるように、敷地内で高低差のある法面に段差をつけて、丸太を並べて、階段をつくりました。

自然観察会の開催（左）
地域の学識者をまねいて、自然観察会を行っています。土日も家族で昆虫や魚の観察に来て、活用されています。

クリーン活動の実施（右）
兄弟社村やその周辺で、草刈り作業を実施しています。写真中の村の学習室（秘密基地）のプレハブは、子どもたちでデザインしました。

ヨシの刈り取り（左）
植栽したヨシの刈り取りやヨシ焼きを行い、良好な植生を維持しています。また、刈り取ったヨシをすだれに編み、活用の仕方について学びました。

村への全校ピクニック（右）
風力を利用してビオトープの水を循環させる風車も作成しました。全校で学校から兄弟社村まで歩くピクニックも行われています。

■ 整備効果・展開の仕方など

- 地元の専門家の指導のもと、児童、教師のOB、PTAらが主体となって利活用や維持管理を行っています。

- 生き物のモニタリング調査を継続するとともに、子どもたちの学びの場として、田んぼや畑での体験学習や自然観察、石窯パンやピザづくりなどを行い、食育やいのちを学ぶフィールド、またコミュニケーションやリフレッシュの場になっています。

- 冬場にはヨシ焼きなども実施し、良好な湿地植生の維持に努めるとともに、敷地内外のクリーン活動を行い、児童たちが気持ちよく活用できるように努めています。

学校ビオトープをつくる

●case 2 ひたちなか市立前渡（まえわたり）小学校　ホタルの里

- **事業主体**　ひたちなか市立前渡小学校
- **事業場所**　茨城県ひたちなか市馬渡
- **規模**　約2,000㎡（うち1,000㎡造成）
- **完成年月**　2000年（当初）
　　　　　　2008年（改修整備）

自然を身近に感じてほしいという思いから、2000年にPTAと教師たちの奉仕活動から「ホタルの里」は誕生しました。
以降、生活科や理科、図工、総合的な学習の場として利用されてきましたが、さらなる環境保護活動の推進等のため、2008年と2013年にその再整備をすることとなりました。

■ 整備方針・配慮のポイント

- 再整備にあたっては、環境調査を実施した上で取り掛かりました。
- 環境調査結果などを踏まえ、「ホタルの里」における生育目標種をオオムラサキ、ヘイケボタル、クロメダカをと定めました。各生体が、継続的に自然繁殖できるための設備を設けて環境を整えるとともに、生体の移植を実施しました。
- 「ホタルの里」が子どもたちの活動の場であることも考慮し、安全性を加味した護岸や木道の整備を行いました。
- 2013年の整備では、護岸補修に加え、しゅんせつ工事を実施しました。しゅんせつ残土は土壌内の生物に配慮し、場内で有効に利用しました。

丸太階段を再整備（左：整備前／右：整備後）

安全性を考えた護岸や木道を整備（左：整備前／右：整備後）

■ 整備効果・展開の仕方など

- 施設の経過観察を行いながら、勉強会や鑑賞会をあわせて行っています。学校内では「ビオトープレンジャー」による環境啓蒙活動も実施しました。
- 毎年行われるホタルやチョウの鑑賞会は、児童や保護者だけでなく、地域住民に対しても、日頃の取組みについてを報告する場になっています。

児童や保護者に向けた勉強会を開催

生育目標種「クロメダカ」の放流会を実施

case 3 ひたちなか市立長堀小学校　長堀ホタルの里

- ■ 事業主体　ひたちなか市立長堀小学校
- ■ 事業場所　茨城県ひたちなか市長堀町3丁目
- ■ 規模　約1,120㎡
- ■ 完成年月　2009年

学校敷地に隣接する中丸川緑地帯に広がる湿地を、県から認可を受け、学校・保護者・地域企業・自治体が協力してビオトープを整備しました
長堀小学校の環境学習施設と位置づけ、児童の公募により「長堀ホタルの里」と命名しました。

■ 整備方針・配慮のポイント

- この流域に以前は見ることのできたホタルの復活を環境目標として、元の地形を活かして、小川のしゅんせつ工事と木道の整備を実施しました。
- より身近に感じてもらうため、材料搬入や植物の移植などに子どもたちも参加し、環境整備を進めました。
- 護岸には荒朶を多用し、木道材料は環境に配慮して未処理材を使用し、しゅんせつ土壌も搬出しないように配慮しました。

児童が材料（荒朶）の搬入作業にも参加

池の護岸を荒朶を多用して整備

■ 整備効果・展開の仕方など

- 経過観察を行いながら、毎年4年生の総合学習においてホタルの研究を継続実施しています。子どもたちの手により、ホタルの幼虫やそのエサとなるカワニナの放流を状況に応じて行っています。
- 毎年実施するホタル観賞会には、児童や保護者、地域の住民まで広く参加を募っており、地域の夏の風物詩として定着しています。この観賞会は、「長堀ホタルの里」の自然環境や子どもたちの保全活動を伝達するコミュニティの場としても機能しています。

ホタルの幼虫のエサとなるカワニナの放流会

学校

学校ビオトープをつくる

●case 4　甲賀市立油日(あぶらひ)小学校　エコパーク

- **事業主体**　甲賀市立油日小学校
- **事業場所**　滋賀県甲賀市甲賀町上野1322
- **規模**　1,000㎡
- **完成年月**　2000年3月

文部科学省から「総合的な学習の時間」に関する学習指導要領が出されたことをきっかけに、学校として環境学習の推進を検討していました。油日小学校の付近には、杣川が流れ、周辺には山林などが多く残っているものの、人工林も多く、カブトムシやクワガタムシなどの昆虫やミナミメダカなどの生き物が以前より少なくなってきていました。
そこで、ビオトープを整備し、地域の自然を身近に観察できる機会をつくることが提案され、整備が進められました。

■ 整備方針・配慮のポイント

- 地域の自然を再現することを目標としてビオトープを設計しました。
- 設計・施工は、動植物の専門家の協力のもとで、教職員やPTA、児童の手作業で整備が進められました。
- 多様な動植物とふれあえるように、ビオトープには池や水路、湿地、草地、樹林といった様々な環境をつくり出しています。
- 池の中でも多様な水生生物が生息できる多孔質空間を形成するために、石や砂、土などを使い分けて地形の形状に変化を付けました。
- 岸部には、地域産の水生植物を植栽し、池の中にも在来種の水草を導入することで、水生生物の隠れ家や繁殖場所として使えるような空間を創出しました。
- 水路と池の水は水中ポンプによって循環ができるようにしました。
- これらの環境の中で子どもたちが自由に遊び、観察し、自然とふれあうことができるように、木製のデッキや丸太の橋なども数か所に設置しました。

■ 整備効果・展開の仕方など

- ビオトープには周辺からさまざまな生き物が訪れています。
- 池の中ではミナミメダカやドジョウ、トンボのヤゴなど、多くの水生生物が生息・繁殖を続けています。
- 植栽した植物は毎年開花・結実し、アゼスゲやミソハギ、ミクリなど、地域の水生植物に囲まれた水辺環境を維持しています。
- ビオトープは学年ごとにテーマを決めて理科や総合学習の授業に利用され、小学校の環境学習に活用されています。
- 児童会の組織の中にはエコ委員会が設置され、同委員会の子どもたちはビオトープを利用して生き物調査や学校内外への研究発表、広報活動などを行っています。

水生生物が生息できる多孔質空間

生き物を観察する子どもたち

●case 5 豊田市立寿恵野小学校

- ■ 事業主体　豊田東名ライオンズクラブ
- ■ 事業場所　愛知県豊田市鴛鴨町東屋敷50
- ■ 規模　約1,000㎡
- ■ 完成年月　1999年3月

豊田東名ライオンズクラブ創立25周年事業として、地域の小学校に対してビオトープの寄付を申し出たところ、寿恵野小学校から積極的な誘致活動がなされました。
寿恵野小学校にビオトープを創出するにあたっては、ビオトープについて理解を得るため、同校の全児童・教員・PTAを対象に勉強会を実施し、全員参加でビオトープの計画を立てました。

■ 整備方針・配慮のポイント

- ビオトープの東側は、学校林が敷地の外の森につながっているため、生態系のつながりや将来的なビオトープの拡張も考慮し、限られた空間であったものの、敷地には起伏を付けて、水辺(池、湿地、小川)や乾燥地(草地、雑木)といった多様な環境をつくりました。
- ビオトープの中心部にはヤブを設け、立ち入り禁止として生き物の生息空間を確保しました。
- 施工途中には訪れた子どもたちに直接現場を見せたり、触れさせたりするだけでなく、時には作業も一緒に行ったりしました。

■ 整備効果・展開の仕方など

- ビオトープではショウジョウトンボやシオカラトンボ、オニヤンマ、アメンボ、アマガエル、ツチガエルなどの生き物が確認されています。
- ビオトープの管理は、以下のように児童・教員・PTAがそれぞれの役割を担って行っています。
  [児童] ビオトープのルールづくり、観察・勉強会等の企画運営
  [教員] ビオトープ活動の指導、ネットワークの検討
  [PTA] ビオトープネットワークの検討・援助

水源は井戸水を使用
井戸は約30m掘削(地域によって掘削深は変わります)。2インチポンプで汲み上げ、水量は100L/分の能力をバルブを使用して、半分の50L/分にしています。

着工前 ▼

起伏に富んだ多様な環境が創出された

計画平面図

多様性のある小川
[川幅] 10～30cm程度
[水深] 5～15cm程度
各所に魚の隠れ家(オーバーハング石)を設置しました。
水辺には水生植物を植え多様性を持たせています。

現場素材の落差工
現場の伐採木を利用して落差工を設置。必ずしも石を使用する必要はありません。

学校

学校ビオトープをつくる

●case 6 豊田市立挙母(ころも)小学校

- ■ 事業主体　愛知県 豊田市
- ■ 事業場所　愛知県豊田市平芝町
- ■ 規模　　　約1,000㎡(流路部 約90m)
- ■ 完成年月　2001年2月

2000年度、市街地にある挙母小学校の児童のために、豊田市河川課の努力によって矢作川の水を引き込んで学校ビオトープが造成されました。施工にあたっては、どのようなビオトープをつくるかを児童自らが考えて計画を立てました。
学校ビオトープは、教材としての活用だけでなく、生物のネットワークの拠点にもなります。こうしたネットワークが生物の多様性につながり、より良いビオトープを育んでいきます。

■ 整備方針・配慮のポイント

- 周辺地域の自然と生態系のつながりができることを意識しながら整備しました。
- 上流部の滝は地元の猿投山の源流をイメージしてつくりました。
- 中流部の小川は護岸や流れに多様性を持たせ、生物の隠れる場所や棲み家、休憩場所などをつくりました。
- 下流部の池は水深を40cm程度とし、護岸は魚の隠れる隙間ができるように石組を工夫しました。
- 池の周りには日陰をつくってくれる樹木を植栽し、池の温度の上昇を抑えています。

■ 整備効果・展開の仕方など

- ビオトープの整備と管理は教師と児童によって行われています。
- 児童の話し合いによって、「中では走らない」「魚や昆虫をいじめない」「川に石や木を投げ入れない」などの約束事を決めました。
- 学校側では校務主任と担当教師が中心となり、維持・管理を行っています。
- 周りの柵が朽ちると新しいものに付け替えたり、外来種の繁栄を防ぐために草刈りをしたりして、自然観察園としての環境を保っています。
- 年数回、生物部の児童と一緒に川に堆積した泥をかい出し、川をきれいにしています。
- 業者や地域の有識者に依頼して植物の管理方法を学び、児童と一緒にそれを実践し、ビオトープに生き物が棲みつく環境をつくっています。

ビオトープ着工前
(2000年10月)
鉄製の遊具や人工的な遊び場があるだけです。

ビオトープ完成
(2001年3月)
自然の遊び場ができ上がりました。

成長する森
(12年後)
木々は生長し、種を落とし、次の世代の若芽が芽吹いています。

猿投山の源流をイメージして施工された滝

猿投山の源流

水源は川の水をポンプアップ
水源は約1km先の矢作川の水をポンプで送り込んでいます。配管がΦ150を使用してかなりの水量になるため、バルブで水量の調整を行っています。上流部に使用する石材は大きくゴツゴツとして荒々しい水の流れをつくりました。石が目立ちすぎるため覆土や植栽で隠すとより自然の風景に近づきます。

小川は蛇行し、川幅、河床は一定にしない（川幅20～50cm程度／水深10～30cm程度）。下流に行くにしたがって石材は小さくなり、角の取れた石を使用するとよいでしょう。

魚等の隠れ家をつくる
魚たちが外敵から身を守るための避難場所として、石を川面に飛び出すように設置。洪水など水かさが増えた時の避難場所にもなります。

河床材はスコップで敷設
河床材は川砂・川砂利20～30mmをスコップで撒くように敷設します。こうしてできた凹凸が多様な流れを生み出します。

水際に多様性をつくる
水辺に植える草は垂れ下がるように植栽し、水際の多様性を創出する。この草の下が魚の隠れ場所となります。魚が隠れやすいように深みをつくるとともに、流れの多様性が創出されます。

粗朶隠れで土留めする
基本は生態系空間に異物を持ち込まないことです。材料は自然石や粗朶を使います。粗朶隠れ土留めは法面が安定したころには粗朶が腐って土になります。

自然石で土留めする
自然石による土留めは、石と石の隙間に小動物や爬虫類などが隠れたり棲み家にしたりするのに役立ちます。

粗朶柵で護岸する
丸太の杭と粗朶を用いて護岸工事を行いました。ヨシ等の植物が増えやすく、魚の生息場所に最適です。

学校

学校ビオトープをつくる

case 7 学校法人 名進研小学校

- **事業主体** 学校法人 名進研小学校
- **事業場所** 愛知県名古屋市守山区緑ケ丘853番地
- **規模** 延長 約100m
- **完成年月** 2012年3月

名古屋市の郊外・小幡緑地に隣接する名進研小学校は、校舎の建設にあたり、学校内にビオトープを設けることとしました。
小川の流入部から池まで高低差が7m程あるため、多段落差工(ステップ・プール)を設置して流速を抑え、多様な水生生物が生息しやすい環境を創出しています。

整備方針・配慮のポイント

3つの大きなエリア分けをし、ビオトープを整備しました。
【池・湿地・流れ(水辺)エリア】
- ショウブやミソハギ、カヤツリグサ、オオバノトンボソウ、セキショウなどの水生生物を中心に、水辺の根締めと生物の生息空間を考慮した植栽としました。
- 園路の傾斜差が大きい箇所は、低木類を植栽し、安全面にも考慮しました。
- 高低差7.0m程の段差がある小川の護岸は空石積護岸とし、分散型落差工を用いました。

【観察エリア】
- 緩斜面を活かし、植栽を少なめにして、児童が自由に水辺へ近づいて観察することができるエリアとしました。

【保全エリア】
- 植栽を多くすることで人が入りにくくし、湿地や石積み、しがら編み護岸など多様な空間をつくって、生物のエサとなるコケ類や珪藻類を育成しやすい環境を提供し、ヘイケボタルの自生を目標とするエリアとしました。

整備効果・展開の仕方など

- 岸辺にはネコヤナギやセキショウ、ショウブ、ミソハギ、カヤツリグサなどの根張りする植物、ヨシやガマが生息し、良好な景観を形成しています。
- 児童たちがヤゴやタニシ、メダカなどの魚類の生育を観察しながら、楽しく小川の周辺で活動しています。

整備中 ▼

自然石や止まり木などを配し、植栽も完了

池・湿地に観察デッキを設置
[支柱] プラ擬木を使用　　[床板・桁] 天然木を使用
子どもたちが池をのぞき込めるよう手摺を付けずに施工しました。また、段差を付け、遊びながら観察できるようにしました。

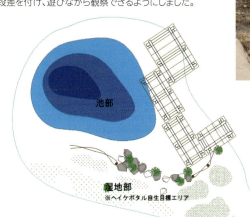

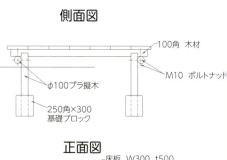

高低差を利用した小川づくり

井戸は約70m掘削しましたが、鉄バクテリアを含んだ赤水でした。この水は構内のトイレにも使用するため塩素処理をし、ろ過装置でろ過をしています。そのため小川の延長を長くし、高低差を利用した落差工を多く設置し、抜気して池まで流しています。
塩素濃度を下げるために、2期工事では上流部を40mほど延長しました。調査した結果流入口から約20mほどで基準値以下となりました。

小川の流れと池面の断面図（ブリッジ下から池ブまで）

［全　長］約60.3m　　［落　差］平均45cm（1ヶ所当り）
［高低差］約7.0m　　　［水勾配］約4.0%
［落差数］12ヶ所　　　［河床深］5〜10cm程度（瀬・淵）

落差工は断面図を基本に設置しますが、現況をよく見て設置数や高さ、材料を十分に検討してから施工しましょう。

校内の園路は土系舗装

園路は保水性・透水性・リサイクル性に優れた土系舗装を用いています。縁止は松丸太を使用しました。
また、「自然界に直線はない!」という観点から、直線的な丸太はところどころに石材、低木などを設置して変化を持たせています。

土系舗装の断面図

土系舗装　t=3cm
基礎砕石　t=10cm
松丸太　φ12cm

単粒砕石を使用した側溝（左）と側溝の雨水が流れ込む排水路（右）

園路に勾配があるため、一定の間隔で側溝を設置しています。側溝が目地の役目もするため部分的な補修も容易にできました。
園路側溝から小川へ流れ込む排水路は、石で蛇行させ、落差工を設置することで流速を抑えました。河床には川砂利や川砂を敷設して浸食を防ぎました。

学校ビオトープをつくる

case 8　学校法人永照寺学園　永照幼稚園

- 事業主体　学校法人永照寺学園　永照幼稚園
- 事業場所　広島県広島市西区大芝2-10-13
- 規模　　　13.5㎡
- 完成年月　2005年4月

子どもの頃に生き物にふれあうことで「命の尊さ」を感じられるようになる上で、ビオトープは効果があると言われています。そこで、園児たちが生き物の観察などを通じて生き物にふれあう場として幼稚園でのビオトープづくりが始まりました。

■ 整備方針・配慮のポイント

- 整備にあたり、ミニビオトープで育つ生き物は何か、また近隣の太田川に昔から生息していた生き物はどんなものがあるかなどを調べました。

- 生息調査を踏まえ、近隣の小川に生育するメダカやドジョウ、サワガニ、ヌマエビなどがビオトープで生息できるように工夫しました。また、アマガエルなど小さな生き物を中心に子どもたちが観察しやすくしました。

- 水の中が見えるように、ミニビオトープ園には窓を付けました。また、園児の転落事故などを防ぐため、園児が乗り越えられない高さの箱型のミニビオトープ園にしました。

園児たちで行ったメダカの放流会

のぞき窓から水中の生き物の様子を観察できる

■ 整備効果・展開の仕方など

- 園児たちはメダカの成長やドジョウの泳ぐ姿などを楽しく見ることができました。生き物の観察を身近に楽しむことができるという効果がありました。

- 「生き物の楽しい話の会」などを催したりして、絵本で見るだけでは味わうことのできない、実物を見ることによってより生き物と親しくなれるという効果がありました。

ミニビオトープながら、水の流れをつくっている

●case 9 社会福祉法人得雲会　青松こども園

- ■ 事業主体　社会福祉法人得雲会 青松こども園
- ■ 事業場所　愛知県豊田市朝日ヶ丘
- ■ 規模　約1,200㎡
- ■ 完成年月　2014年3月

「自然と共存するこども園」をテーマとして、自然環境が少なくなってきている都市部において周辺地域の自然とのネットワークづくりの一端を担おうと、人間・自然・地域が共生・交流できる空間（ビオトープ）の創出を構想しました。青松こども園に通う子どもたちの環境学習の場や周辺の小・中学校との交流の場、ビオトープを通して身近な自然とのふれあいの中で子どもたちが生命の重みを実感できる施設を目指して施工しました。

■ 整備方針・配慮のポイント

- 子どもたちのための自然環境空間づくりとして、生物が生息できる滝や小川、河畔林、森の整備を行い、メダカやトンボ、鳥類、カブトムシなどを誘導しました。
- 生態系ネットワークのための森づくりとして、都市部における環境負荷の軽減やビオトープや環境林の創出に取組みました。
- 周辺の小・中学校との交流の場や地域のネットワークの拠点となるように、地域の子どもたちや住民と共に環境の森づくりを始め、環境保全による社会貢献活動に取組んでいます。
- 施工にあたっては、周辺地域の自然と違和感のないようにコンクリート製品の使用は極力避け、自然石や伐採した樹木などの自然材料を使用しました。
- ビオトープ池の周囲には、築山をつくり、自生種を中心とした樹木の植栽を行い、多様な森の再生を図りました。

■ 整備効果・展開の仕方など

- 樹木が覆いかぶさるように立ち、年老いた樹木が多く、樹高が高いために薄暗くなっていた敷地の樹林地の間伐を行った結果、日の光も射し、明るい解放感のある場所となりました。今まで地中に眠っていた種が芽吹き、多様な緑化が実現しています。
- 滝を配置した水景は、水の音が心地よく響き、池部では小魚が観察できます。
- 砕石を撤去して草原広場とした中心部は、子どもたちが走り回れる広さを確保しています。

園児たちによるメダカなどの魚の放流

自生種を中心とした樹林の植樹式

ビオトープに住みついたトノサマガエル

池の周辺に築山をつくり、自生種を植栽

学校

学校ビオトープをつくる

●case 10 東近江市立愛東北小学校　びわ湖の池

- ■ 事業主体　東近江市立愛東北小学校
- ■ 事業場所　滋賀県東近江市百済寺本町1399
- ■ 規模　約150㎡
- ■ 完成年月　2016年7月

愛東北小学校には、約20年前に整備されたびわ湖の形をしたビオトープ池が存在し、かつては環境教育の場として生き物の観察などに活用されていました。しかし、年数の経過に伴う水質の悪化やアメリカザリガニの混入による生き物の減少といった要因で、近年はほぼ活用されなくなっていました。そこへ魚類の研究者から、「学校ビオトープを活用して、絶滅危惧種のカワバタモロコを保全するプロジェクト」への参加の打診がありました。そこでプロジェクトへの貢献と児童への環境教育を同時に実現することを目指し、既存の池を活用してカワバタモロコやその他の水生生物が生息できる環境に変えさせることとなりました。

■ 整備方針・配慮のポイント

- カワバタモロコとその他の水生生物の生息空間を復元することを目的として、3本柱の整備方針①アメリカザリガニの駆除と底質の改善、②池の水の流動、③水生植物の導入をたてました。

- 作業はすべて地元の環境ボランティアの指導のもと、教職員・児童・生徒が主体となって行いました。

- まず、池干しを行い、アメリカザリガニの捕獲とヘドロ上げを実施し、これにより水生生物の生育環境の改善が図られました。

- 次に、排水と給水が常時行われるように整備を行い、これにより池の水に動きを付け、カワバタモロコの生息にとってより好ましい環境となることを目指しました。

- 専門家の協力のもと、周辺地域の河川やため池からスゲ類やセリ、クサヨシなど10種類程度の水生植物を選定し、株を移植しました。基盤にはヤシ繊維の植生ロールを用い、水面に浮かせる形で設置しました。これにより、水中に伸びる植物の細根がカワバタモロコの産卵場所や稚魚の隠れ家として利用され、良好な繁殖・生息場所になることを狙いました。

「びわ湖の池のルール」の看板

アメリカザリガニを駆除したあとでメダカを放流

児童が決めた「びわ湖の池のルール」の看板を設置

■ 整備効果・展開の仕方など

- 完成したビオトープは「びわ湖の池」と名付けられ、維持管理のための「びわ湖の池のルール」を児童自ら決定しました。

- 2016年7月の完成式典では、児童の手でカワバタモロコを放流し、その後は順調な成育が観察されています。式典では、児童が池の現状の観察結果や今後の構想についての発表などを行いました。

- 児童が整備から観察、管理まで一貫して主体的に取り組むことで、ビオトープや生き物の保全への関心が高まっています。学校側も、この取組が継続されるように授業や課外活動への積極的な導入を検討しています。

- 今後はカワバタモロコのプロジェクトを通じて近隣の学校とも連携し、地域をあげて環境保全への意識向上に貢献することを目指しています。

完成式典では児童の手でカワバタモロコを放流

case 11 東近江市立湖東第二小学校　湖二(こに)っ子ビオトープ

- 事業主体　東近江市立湖東第二小学校
- 事業場所　滋賀県東近江市南菩提寺430
- 規模　約220㎡
- 完成年月　2012年2月

湖東第二小学校周辺は水田地帯が広がり、押立神社の壮大な社寺林も隣接するなど、自然環境が比較的多く残っている地域です。
しかし、近年宅地化が進み、昔に比べると子どもたちが地域の自然を身近に観察できる機会が少なくなってきています。そこで、校内に子どもたちがいつでも活用できる環境学習の場をつくろうと計画が進められました。中庭に既存のコンクリート池がありましたが、管理活用が十分行うことができず、水質も悪化していたため、その既存の水槽を生き物の訪れる空間へ再生しようとビオトープ整備に至りました。

■ 整備方針・配慮のポイント

- 地域の自然を再現した水辺空間をつくることを目標として既存の水槽を活かしたビオトープを設計しました。
- 設計は動植物の専門家の協力のもとに行い、保護者・地域ボランティア・教職員らの手作業で整備が進められました。
- ポンプアップと雨水タンクの併用によって水源を確保し、石組みにより水口を高くして滝をつくりました。
- 地域の身近な資材を活用し、竹しがら、乱杭、置石などを配置した水路をつくりました。水路幅や水深に変化をつけ、洲浜や湿地、浅瀬、深みなどを設け、多様な水生生物が生息できるように工夫しました。
- 魚類の隠れ家やトンボの羽休め場となるように、岸部にはスゲ類やミソハギ、マコモなどの地元産の水生植物を数種植栽しました。
- 子どもたちが生物を観察しやすくなるように、木製の橋を1か所設置しました。
- 隣接した広場には、昆虫や虫たちが訪れるように里地で見られる草本植物や液果を植栽しました。

■ 整備効果・展開の仕方など

- ビオトープには様々な生き物が訪れ、メダカやトンボのヤゴなど多くの水生生物が生息しています。
- 2015年夏には専門家と連携してカワバタモロコの放流を行い、産卵・孵化に成功しました。現在も繁殖・生息に関するモニタリング調査を継続しています。
- 以下のような学習活動により、子どもたちは生き物やビオトープに興味・関心を高めています。
  ①ビオトープの集い(年1回の全校集会)
  ②ビオトープ観察会(年5回)
  ③ビオトープの掃除(環境委員会で藻の除去活動)
  ④ビオトープ活動の発表(環境委員会での発表／生活科や総合的な学習の時間での学習発表会)
  ⑤学習への活用(1.2年生…生き物探し／4年生…季節の変化／5年生…魚(メダカ)の誕生などでビオトープを活用)
  ⑥掲示板への「ビオトープニュース」の掲示
  ⑦カワバタモロコや近くの五の谷川にいる生き物を水槽展示

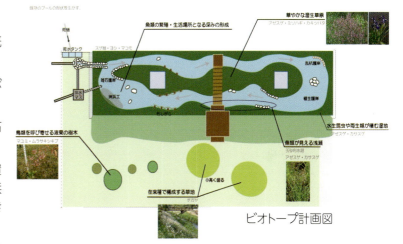
ビオトープ計画図

カワバタモロコの放流により産卵・孵化に成功

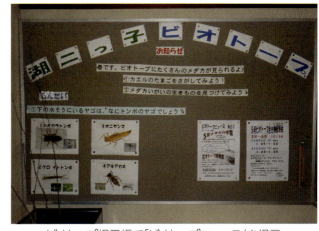
ビオトープ掲示板で「ビオトープニュース」を掲示

学校

学校ビオトープをつくる

●case 12 社会福祉法人微妙福祉会　くまの・みらい保育園

- ■ 事業主体　社会福祉法人微妙福祉会
　　　　　　　くまの・みらい保育園
- ■ 事業場所　広島県安芸郡熊野町神田15-1
- ■ 規模　　　1,160㎡
- ■ 完成年月　2011年3月

くまの・みらい保育園は造成地にあり、樹木がほとんどありませんでした。「これから自然豊かな森と水のある保育園に育てていきたい」という園や地域の人たちの熱い希望を背景に、園児が実際に植物や池に住む生き物にふれあうことで、植物や生き物に対する「興味」「愛情」「やさしさ」が育めるようにと、ビオトープをつくることになりました。

保育園は熊野団地の一角にあり、園庭は毎週月・水・金曜日に住民にも開放しています。地域の人にとっても身近な自然とふれあう場所となるとともに、地域の人が守り育てる保育園となるように、住民とともに協力して少しずつビオトープを育てていくことにしました。

■ 整備方針・配慮のポイント

「園児を中心に親子と地域の人で楽しめる"くまのみらいビオトープ"」をキャッチフレーズに、以下に配慮しながら整備を行いました。

- プラン作成にあたり、教職員・保護者・地域のサポーターが園内で話し合いをして自分たちで育てるビオトープという意識を持てるようにしました。
- できるだけ地域の自然の特性に配慮した材料を使用しました。
- メダカやドジョウ、いろいろな種類のトンボやチョウなど、多様な生き物が棲め、観察ができる場をつくりました。
- 維持管理については、子どもと保護者、保育園の教職員、関係者、地域のサポーターなどが参加して行っています。メンテナンスができるだけ少ない樹木や宿根草などを植えています。

地域に自生する樹種（イチイカシ）をみんなで植樹

橋ゲタへの記念落書

年2～3回行っているビオトープ観察会

■ 整備効果・展開の仕方など

- 園内の一角にあるため、子どもたちがいつでも観察会ができ、また自由に遊べる場としても大いに活用されています。
- ビオトープを利用して年2～3回観察会を行っています。「楽しくなければビオトープじゃない」を合言葉に、園児だけでなく、園の卒業生や保護者も参加しています。

学校

129

ポイント① 地域の人たちが憩う場所にする

散歩する人、遊びに来る子どもたち、談話する人たちなど、地域の様々な人たちに憩いの場を提供します。

ポイント② 環境配慮の姿勢を打ち出す

地表のビオトープだけでなく、壁面や屋上の緑化など、小規模であっても工夫を凝らすことで、自然環境の保全や地球温暖化の防止などに向けた会社の姿勢を具体的に示すことができます。

🍃 用途に応じたビオトープ

事務所・駐車場ビオトープをつくる

小規模の事務所や駐車場の片隅にも、植栽を兼ねたちょっとしたビオトープをつくることができます。来客を出迎える小さなビオトープ、通りがかりの人がのぞき込み、ひと休みできるビオトープは、親しみの持てる会社を目指す姿勢の表れとなります。

ポイント③　駐車場は緑地化する

緑地の駐車場は暑さ寒さをやわらげ、四季を通して来客を温かく迎えます。ヒートアイランドの緩和にも貢献します。

事務所・駐車場ビオトープをつくる

◆地域環境に責任をもった企業の緑地空間をつくる

今までの企業緑地は単なる視覚的な緑の空間であることが少なくありませんでした。

しかし、これからは本物の自然を重要視した空間にしていくことが、地域環境の再生や改善に対して責任のある企業の在り方といえるでしょう。

また、都市部にあっては、公共施設の屋上緑化や街路樹などの公共の植栽帯だけでなく、企業のビオトープを含めた緑地の面的な広がりが大変重要になっています。

◆屋上を緑化する

屋上緑化の技術は四阿の屋根からビルの屋上まで様々な所に活用できます。夏の日差しを防いで、ヒートアイランド現象への対策や景観の向上、生態系の回復などにつながります。

◆ 壁面を緑化する

　壁面の緑化は室内の気温上昇の抑制やヒートアイランド現象の緩和などに効果があり、都市部の狭い空間に少しでも多くの生物を呼びむための仕掛けとなります。壁面緑化によって、無機質な構造物を回りの風景に溶け込ませることが重要です。

◆ 地形を利用して駐車場をつくる

　地形の起伏を利用することで、切土・盛土の工事量を抑えることができ、地形の保全にもなります。
　駐車場の境界には多様性を持たせ、生き物たちにやさしい空間をつくりましょう。

◆ 生態系に配慮した駐車場を心がける

　アスファルトで全面舗装するのではなく、自然の素材を活用しましょう。
　駐車場内には樹木を植栽し、駐車スペースも緑化することで、鳥や昆虫などがやってくる環境になります。

事務所・駐車場ビオトープをつくる

●case 1 水嶋建設株式会社　水嶋の庭－水・緑・景－

- **事業主体**　水嶋建設株式会社
- **事業場所**　愛知県豊田市伊保町西浦30所
- **規模**　水嶋の庭 115㎡
　　　　　駐車場緑化 270㎡
- **完成年月**　2006年

水嶋建設は、「都市部における生態系ネットワークの拠点づくり」を目指していますが、会社のある場所が周辺の自然と都市部の中継を担う場所として望ましいところに位置しています。ビオトープの面積としては小さいですが、ネットワークの中継点という意味では大きな役割を担っています。ひとつひとつは小さくてもビオトープを増やし、地域の生態系ネットワークを充実させることが重要です。

■ 整備方針・配慮のポイント

- 本社駐車場の増設に伴い、緑化スペースの拡大を図っていくため、できるだけ多様な自然を、できるだけ身近に呼び寄せ、都市部の中に緑の息吹を吹き込ませることをコンセプトとして施工しました。
- 駐車場は緑化舗装で施工し、緑の駐車場をつくりました。
- 敷地の一画には生物の憩いの場としてビオトープを創出し、地域の子どもたちや住民に開放して環境づくりに参加してもらうと同時に、利用客に気軽に来てもらえる雰囲気づくりを目指しました。

【「水・緑・景」の意味】
水…社名にもある水。命の源。水の流れの心地よい音
緑…緑あふれる大地。鳥や昆虫などの集う場所
景…その場のあり様。水辺、緑の木々、そこに集う多様な生物のありのままの景観

■ 整備効果・展開の仕方など

- 様々な生き物たちが「休息できる場所」、人間にとっても「居心地のよい場所」を目指します。
- 木や草はその土地に自生している植物を植栽しているため、生物が違和感なく訪れる環境を創り出しています。
- 水源は循環式で、補給水は水道水を使用しています。水道水はカルキを抜くために、完成後2～3日ほど循環運転をした後、少量ずつ補給しています。
- 現在、メダカやタナゴ、シラハエなどを放流しています。また、近くに森や田んぼ、池があるため、多くの生物が訪れることが期待されます。

着工前

ビオトープの施工が完了。奥が緑化した駐車場

水嶋の庭の全景

四阿の屋根を緑化したことで昆虫や鳥がやって来る

計画平面図

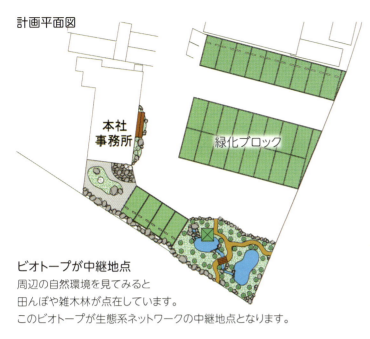

ビオトープが中継地点
周辺の自然環境を見てみると
田んぼや雑木林が点在しています。
このビオトープが生態系ネットワークの中継地点となります。

緑化ブロックを使用した駐車場
駐車場をすべてアスファルト舗装にするのは簡単ですが、敷地内のビオトープが孤立してしまいます。駐車場を緑化することにより、敷地内のネットワークが充実します。

循環設備詳細図

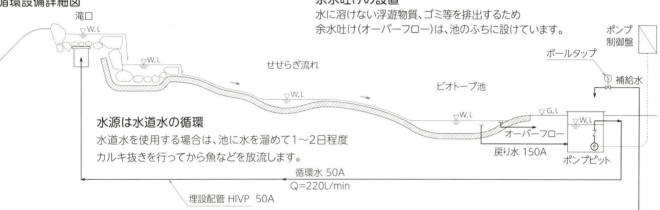

水源は水道水の循環
水道水を使用する場合は、池に水を溜めて1〜2日程度カルキ抜きを行ってから魚などを放流します。

余水吐けの設置
水に溶けない浮遊物質、ゴミ等を排出するため
余水吐け(オーバーフロー)は、池のふちに設けています。

石を設置した護岸
石野の護岸は石が目立ち過ぎないように土で隠し、隠れ護岸にしました。また、土で覆うことで植栽が可能になり生物多様性の高い境界(水辺)になります。

落差工で深みをつくる
落差はアーチ状に組み、水を中央部に集中させ深みをつくりました。
その深みは魚の隠れ家、遡上の時の助走を付ける場所でもあります。サワガニなどは落差の空隙に棲み付きます。

事務所・駐車場

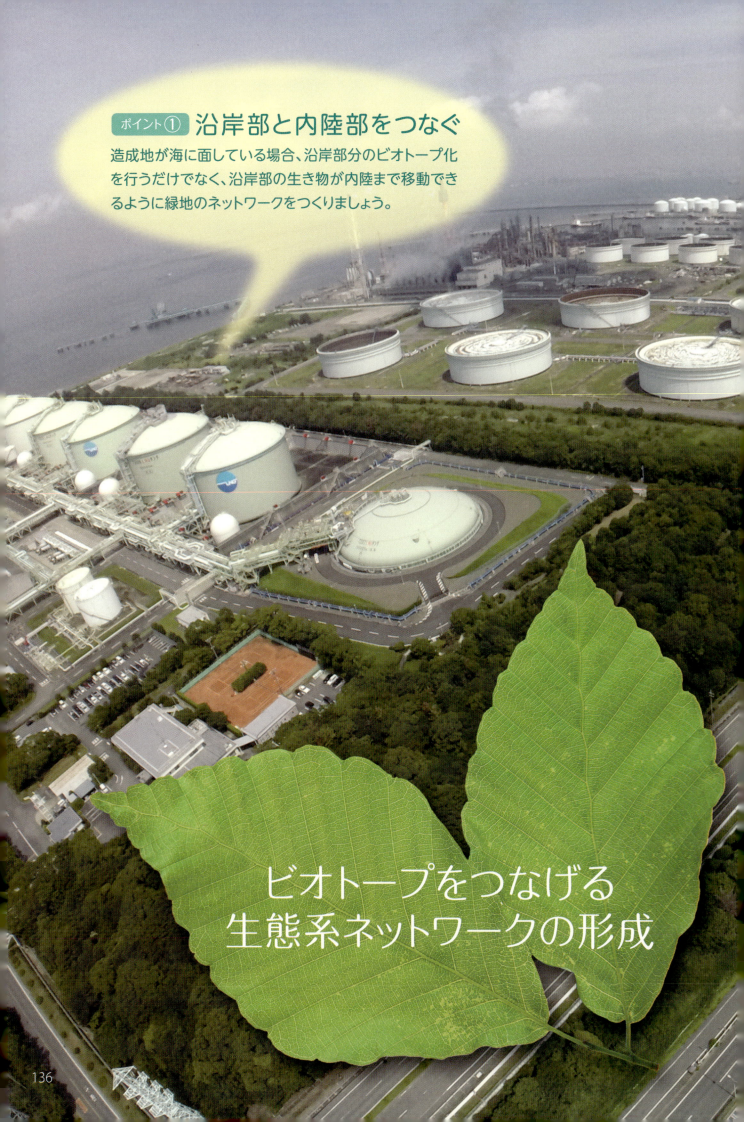

ポイント① 沿岸部と内陸部をつなぐ

造成地が海に面している場合、沿岸部分のビオトープ化を行うだけでなく、沿岸部の生き物が内陸まで移動できるように緑地のネットワークをつくりましょう。

ビオトープをつなげる生態系ネットワークの形成

ポイント②　道路や線路で分断させない

道路や線路を越えて生き物が行き来できるように、沿道・沿線ぞいや中央分離帯などをこまめにに緑化しましょう。

ポイント③　アニマルパスをつくる

企業などの境界を越えて生き物が行き来できるようにアニマルパス（動物の通り道）をつくりましょう。

ポイント④　人のネットワークにつなげる

個々のビオトープを孤立させず、地域や企業、学校などの連携によって多様な生態系を生み出しましょう。
近隣の住民や子どもたちを対象とした観察会などのイベントも開催して、地域のNPOや住民、学校などとの連携を築いていきましょう。

命をつなぐPROJECT

　知多半島の臨海部（東海市・知多市）には、大企業の工場や事業所が立ち並ぶ巨大な工業地帯があり、住宅エリアとの間の緩衝帯として、幅100メートル・延長10キロメートルに及ぶ広大な企業緑地が設けられています。

　グリーンベルトと呼ばれているこの緑地帯は、昭和40年代に工業地帯が埋立・造成された際に立地企業によって植樹されたものです。やがて木々が成長し、緑量としては一定の価値ある環境となっていたものの、質としては成長の早い外来種が主体のうっそうとした放置林となっており、企業の境界はフェンスによって仕切られていました。

　一方、周辺地域の開発や市街地化が進み、自然環境や緑地などが減少していく中、2010年の生物多様性条約第10回締約国会議（COP10／愛知・名古屋で開催）を機に、愛知県が県内各地域で取組みを始めた「生態系ネットワーク形成事業」を受け、2011年に、知多半島臨海部の企業や自治体、大学生、学識者、NPOといった多様な人々が集まって始めたのが「命をつなぐプロジェクト」です。

　このプロジェクトは個々の企業がバラバラに緑地整備を進めるのではなく、内陸部や沿岸部、そして企業同士のつながりをつくることで、この地域全体の生態系の回復を目指しています。

　取組みの結果、一時は知多半島で絶滅宣言されたホンドギツネやノウサギなどの野生生物が確認されるようになり、失われた内陸部の里山の代償地となることが期待されるほどに自然が豊かになりました。また、企業同士や地域住民、自治体、大学生などの若者の交流が生まれ、次世代を担う新たな人的ネットワークの形成にもつながっています。

海とつなぐ

干潟に面した企業の緑地では、クロベンケイガニやアカテガニといった甲殻類が確認されています。企業の緑地が、海と干潟、そして内陸部をつなげる役割を担っていることがわかります。

クロベンケイガニが生息する干潟　　アカテガニ

内陸とつなぐ

内陸部に生息していたホンドキツネが定点カメラでたびたび撮影されており、企業の緑地が内陸部に点在する森とつながり始めていることがうかがえます。また、生息環境が狭まるアオバズクを企業緑地へ誘致する活動も行われています。

ホンドキツネ　　アオバズク

ビオトープ同士でつなげる

グリーンベルトは全長10kmに及ぶが、企業の敷地ごとにフェンスで区切られています。緑地に生息する動物のために写真のようなアニマルパスがつくられ、キツネやタヌキ、ノウサギの生息域をつないでいます。

動物のための通り道「アニマルパス」

人がつながる

ビオトープをつなげ生態系をつなげるためには、人がつながって目標を共有し、役割を分担しながら協力し合っていく必要があります。

かつて企業と地域を分断していた緑地帯が、今では地域イベントや環境学習会、社員教育などのフィールドとなり、地域に開かれた公共財産（コモンズ）としての意味を持つようになりました。

大学生など地域の若者が組織する「命をつなぐPROJECT学生実行委員会」（右写真）は、動植物を観察したり、緑地整備やイベントなどを企画したりしています。

若者たちの熱意が企業や自治体、地域の人々に伝わり、人のつながりが生まれ、そのつながりが生態系のつながりをつくりだしています。

地域の若者が中心になって観察会や整備活動などを企画

NPO法人 日本ビオトープ協会 「ビオトープづくりの心と技」編集委員会

会　長	櫻井　淳
副会長	野澤　日出夫
副会長	久郷　愼治
副会長	鈴木　元弘
相談役	西川　勝
理　事	梶岡　幹生
理　事	若月　学
理　事	砂押　一成
理　事	直木　哲
理　事	西川　博章
理　事	佐竹　一秀
理　事	藤浪　義之
理　事	青山　正尚
理　事	田中　和紀
監　事	佐川　憲一
監　事	藤井　信良
事務局	佐々木友美
	丹羽　崇人
	日髙　庸次

日本ビオトープ協会発行冊子のご案内

将来の生態系目標に向けて充分に検討してつくられたビオトープであっても、つくられた時点がビオトープづくりの本来の出発点であり、その後の維持管理で生態系目標により一層近づけていくことが大切です。
本書は、全国で活躍する会員の技術や方方法・手順の一端を開示するものです。多くの皆さんにビオトープづくりの原点としてご覧いただき、実践において本書を活用して多様な生き物が棲みやすい環境の維持・復元に邁進していただきたいと思います。
関係機関への配布や勉強会での使用などに積極的にご活用いただければ幸いです。

『ビオトープの維持管理　改訂版』
B5判・52頁 カラー
価格 1冊 500円(税込)

お申込みは、協会HP(http://www.biotope.gr.jp)内
「お問い合わせ」よりお願いいたします。
※書店販売はしていません。

NPO法人 日本ビオトープ協会　法人会員

	会社名	県	電話番号		会社名	県	電話番号
北海道・東北	小岩井農牧 株式会社	岩手	019-692-3148	中部	イビデングリーンテック 株式会社	岐阜 東京	0584-81-6111 03-5643-3630
	株式会社 エコリス	宮城	022-204-1506		三星砿業 株式会社	岐阜	0584-71-0181
	佐藤建設工業 株式会社	山形	0237-86-5128		エスペックミック 株式会社	愛知	0587-95-6369
	株式会社 マルニシ	山形	0237-23-3024		株式会社 アサヒグリーン	愛知	0561-53-0140
関東	株式会社 砂押園芸	茨城	029-285-0233		株式会社 鈴鍵	愛知	0565-41-2003
	不二造園土木 株式会社	茨城	029-821-5438		福田造園土木 株式会社	愛知	0565-31-2210
	学校法人 江東学園	栃木	028-658-6708		豊緑化技研 株式会社	愛知	0565-45-0335
	株式会社 山梅	群馬	0276-22-8551		太啓建設 株式会社	愛知	0565-31-1271
	林造園建設　株式会社	千葉	0479-55-4724		株式会社 岡崎グリーン	愛知	0564-31-1131
	株式会社 地域環境計画	東京	03-5450-3700		澤組 株式会社	愛知	0565-90-2003
	株式会社 大場造園	東京	03-3321-8688		株式会社 近藤組	愛知	0566-36-1811
	河津造園土木 株式会社	神奈川	044-977-3690		アイシン開発 株式会社	愛知	0566-27-8714
	サカタのタネ グリーンサービス株式会社	神奈川	045-945-8828		株式会社 テクナス	愛知	0565-80-0568
信越	若月建設 株式会社	新潟	0254-31-4111		吉川建設 株式会社	愛知	052-262-0174
北陸	株式会社 久郷一樹園	富山	076-421-5064		岩間造園 株式会社	愛知	052-851-7161
静岡	吉川エンジニアリング 株式会社	静岡	054-280-6225		朝日工業 株式会社	愛知	0564-51-3655
	株式会社 静岡グリーンサービス	静岡	054-624-5593		大島造園土木 株式会社	愛知	052-221-1356
	信建工業 株式会社	静岡	054-276-2151		株式会社 エイディーグリーン	愛知	0565-52-8771
	みどり園 株式会社	静岡	053-456-1165		株式会社伊藤工務店　豊田支店	愛知	0565-28-1491
	株式会社 藤浪造園	静岡	054-245-9870		水嶋建設　株式会社	愛知	0565-45-0350
	不二見造園土木 株式会社	静岡	054-369-2515	近畿	近江花勝造園 株式会社	滋賀	0748-33-1230
	有限会社 森荘造園	静岡	054-345-3859		キタイ設計 株式会社	滋賀	0748-46-2336
				中・四国	株式会社 カジオカL.A	広島	082-843-2020
					株式会社 エネルギアL&Bパートナーズ	広島	082-242-7805
					株式会社 双葉造園	高知	088-873-4406
				九州	株式会社 馬原造園建設	宮崎	0985-30-3030

[編者]

NPO法人　日本ビオトープ協会

1993(平成5)年4月に設立、全国に会員を有する協会で次の事業を展開している。

①大小規模のビオトープ造成事業の推進

②わが国の気候・風土の特性と結びついたビオトープ創生に関する理論や技術の開発・研究

③内外情報の収集、調査や講演会・シンポジウム等の開催による普及啓蒙活動

④会員間における情報・調査・研究成果の交換や配付

⑤定期・不定期の印刷物や記録媒体などの出版や領布

＜事務局＞

NPO法人 日本ビオトープ協会

〒170-0005 東京都豊島区南大塚2-6-7 メゾン新大塚101

honbu@biotope.gr.jp　FAX03-6304-1651

[写真撮影]　南部辰雄(表紙およびイメージ写真)

[イラスト]　佐々木友美

事例で学ぶ

ビオトープづくりの心と技　―人と自然がともに生きる場所―

2019年6月30日　第1版第1刷発行

編　者　NPO法人　日本ビオトープ協会

監修者　鈴木邦雄

発行所　一般社団法人　農山漁村文化協会

　　　　〒107-8668　東京都港区赤坂7-6-1

　　　　電話　03(3585)1142(営業)　03(3585)1145(編集)

　　　　FAX　03(3585)3668　振替　00120-3-144478

　　　　URL　http://www.ruralnet.or.jp/

ISBN978-4-540-19151-0

〈検印廃止〉

©NPO法人 日本ビオトープ協会 2019

Printed in Japan

印刷・製本／凸版印刷株式会社

定価はカバーに表示

乱丁・落丁本はお取り替えいたします。